一滴海水
一个世界！

You can see a world
in a seawater drop!

U0193932

　　本书的编写和出版得到"国家自然科学基金项目（31172124 和 31472023）"、"江苏高校优势学科建设工程资助项目"、"江苏高校品牌专业建设工程一期项目"、"国家科技基础条件平台工作重点项目（2005DKA21402）"和"国家自然科学基金委员会应急管理项目（31750002）"的共同资助！

　　书中使用的部分标本数据来自国家动物数字博物馆数据库。

海洋常见动物门类及海滨动物学野外实习指导图册

Photographic Atlas and Student Field Guide to Common Animals of Ocean Shore

周长发　戴建华　陈炳耀　吕琳娜　李　鹏　著

科学出版社

北　京

内 容 简 介

野外实习是生物学、生态学、海洋学教学和学习的重要一环，然而由于动物种类繁多、形态万千、移动迅捷，识别和区分它们十分困难。本书作者通过长期积累和艰苦努力，结合多年野外实习心得和教学实践，精心编成此书。它用生动的图片和简洁的语言对海洋，特别是海滨常见动物门类和种类进行展示和介绍，并图示它们的识别特征和野外观察要点。文中所有图片大都为作者亲自拍摄和绘制而得，并辅以指导性观察项目，是不可多得的海滨动物学野外实习指导教材。

全书图像清晰、语言浅显易懂、动物门类齐全。本书适合作为生物学、海洋学本科生、研究生的动物学、鸟类学野外实习的指导教材，也可作为中小学生课外活动和海滨野外实践的指导书，还可以作为所有对动物有兴趣的人士观鸟赏鱼、生态郊游、海边休闲的案头书。

图书在版编目（CIP）数据

海洋常见动物门类及海滨动物学野外实习指导图册/周长发等著．—北京：科学出版社，2019.6

ISBN 978-7-03-061470-4

Ⅰ.①海… Ⅱ.①周… Ⅲ.①水生动物–海洋生物–教育实习–教学参考资料 Ⅳ.①Q958.885.3

中国版本图书馆 CIP 数据核字（2019）第 108864 号

责任编辑：刘 畅 / 责任校对：严 娜
责任印制：师艳茹 / 封面设计：铭轩堂

科学出版社 出版

北京东黄城根北街 16 号
邮政编码：100717
http://www.sciencep.com

三河市春园印刷有限公司印刷

科学出版社发行 各地新华书店经销

*

2019年6月第 一 版 开本：787×1092 1/16
2019年6月第一次印刷 印张：12
字数：307 200

定价：98.00元
（如有印装质量问题，我社负责调换）

序

海纳天下江河、聚世间云雨,其浩瀚无际、广阔无边、深邃无底。时至今朝,人类对海洋之了解、触及之领域仍十分有限、浮于皮毛!较之陆地已开垦殆尽、山川多改造完毕,海洋乃人类未来可开发之空间、利用之资源也!故了解大海之所有、大洋之所纳乃当务之急、现实之需!

况生命始于海,生物源自水。大海乃生物首栖之地、始息之处。加之海水之变化有限、海域之深广无尽,其所容物种之繁多、门类之庞杂、形态之奇特,实非常人能够想象矣!从单细胞之虫,至群体性之鱼;从微小之藻,至巨大之鲸,海洋生物可谓包罗万象、应有尽有。更有进化显著之物、中间过渡之型。是故了解海洋生物乃学习生物之基础、掌握动物之必需也!

我国历来重视开疆拓土、安邦定国,值此全球化之际、地球村之世,无论海洋之景,抑或海中生命,都越发引人注意,开发海洋已成必然。吾也有幸,曾多次到海滩考察、数度去海边游览,也曾到访知名海洋公园、人造水底世界,每见稀奇之生命,就悉数摄像;一遇未见之动物,便积极留影。积少成多、聚沙成塔,汇成此辑!只愿此书能为我国海洋研究和开发贡献微薄之力!

陆上大于海洋者,只有心矣!

周长发

2019 年春于

南京师范大学生命科学学院

致 谢

本书是在多方人士的帮助下写成的。中国科学院海洋研究所（青岛）的李新正研究员及曲寒雪博士为拍摄许多海洋动物特别是一些少见、微小门类动物提供了极大帮助，并慷慨分享了一些图片。该所的标本馆及其管理人员为拍摄照片提供了许多方便和指导！我将最诚挚的敬意和谢意献给他们！

上海海洋大学的张瑞雷教授赠送了许多海洋浮游动物的标本，为本书的写作和照片拍摄提供了十分难得的助益；南开大学的贺秉军教授、深圳大学的汪安泰教授提供了部分少见门类动物的图片；中国科学院水生生物研究所（武汉）的郝玉江、邱爽博士分享了一些水生动物特别是鱼类照片，台湾学者邵广昭及其助理黄信凯博士十分慷慨地让我下载部分珍稀鱼类的照片。他们的支持与大度分享极大地增强了本书所包含动物的代表性与全面性。十分感谢他们！

日本同行東城效治教授专程到水族馆为本书拍摄了儒艮的照片、美国的 Bill Frank 和 Clark Roger 博士十分慷慨地让我使用新月贝的照片。他们的好意与大度使读者能够对这些具有重要进化意义的动物及其特征有更直观、生动的认识与了解。

南京师范大学生科院的尹韶武教授，黄园、王涛、金萍博士，台德运、马超盈同学都为本书提供了部分标本和照片，李建宏、张光富、陆长梅、沙莎等老师就野外实习等问题与作者进行过深入交流！另外赵志鲲、戴传超、程罗根等教授也给了我很多鼓励和支持。

在南京师范大学蜉蝣研究组就读和工作过的孙俊芝、张伟、马振兴、韩娜、英晓莉、张敏等在标本购置、动物鉴定、照片拍摄、文字录入和校对方面给予了不可或缺的协助。没有他们的支持，本书不可能完成。

　　教学过程中有许多同学就生态学和动物学的相关问题与我进行过讨论。他们上课时的认真态度、钻研精神和专注眼神给了我很多激励！

　　由于水平十分有限，在写作过程中，虽极其尽力小心，书中疏漏之处在所难免，欢迎读者及同行批评指正！

周长发

目　录

第 *1* 章
野外实习准备和方法

1 野外实习的意义

　　野外实习是生物学尤其是动物学、生态学、海洋学教授和学习过程中的必要一环、必经之途。只有在自然状态下，生物的特征与结构、功能与形态、习性与生活、生态与适应等方面才能表现得充分、自然和真实，生物与生物之间的竞争或协作关系、生物与环境之间的协调对应关系等才能被观察得深入和形象，我们才能更加深入了解生物在自然界中的生存及生活状况，也才能更好地把握和领会自然界的协同进化关系，并且将理论与实际相结合。

② 野外实习注意事项

　　师生的安全和健康是野外实习中要注意的头等大事。除了要防范自然灾害事故（如潮汐、洪水、落石等）、交通安全事故外，师生在实习过程中，还要注意如跌倒、坠崖、坠海、野兽袭击以及动物噬咬等事故。要尽可能食用和饮用干净、熟制和鲜热的食物和饮水，并要避免蚊虫等的叮咬；也要尽量劳逸结合。

　　由于野外实习往往是集体活动，为保证集体的安全和任务的完成，一定的纪律约束是必需的，如各项活动的准时、地点的选择、路线的选定、食宿的安排等要服从和配合既定方案等。

　　由于野外活动需要强健的身体和充沛的体力，野外工作条件往往也不如室内，因此吃苦耐劳、团结互助精神也是必需的。

　　在野外实习过程中，我们还要注意保护环境、热爱生命。如以观察为主、标本采集为辅、不向环境中乱丢垃圾等。

3 海滨野外实习常用工具和药品

　　常用工具主要有网（各种水网、扫网、气网）、标本瓶或类似容器、标签纸、雨鞋、望远镜或观鸟镜、铁耙、铁锹、放大镜、显微镜、筛子、白瓷盘、照相机、注射针、剪刀等。

　　药品主要为乙醇，它无污染，对人的伤害也小；也可携带少量福尔马林保存液。

4 海边动物标本采集和制作 ··············

现代的野外实习应以观察、照相、录相等方法和手段为主，标本采集为辅。对于常见、量多、小型动物可以少量采集。

（1）常见大型动物标本的采集及制作

对于哺乳动物和鸟类应尽可能地采用观察法。必要时只可用捕鼠器捕捉少量老鼠。

爬行动物中只有蜥蜴、壁虎、蛇类较常见。必要时可少量采集蜥蜴和壁虎，要严禁学生采集或触碰蛇类活体。

海滨动物以鱼类、节肢动物（甲壳动物、昆虫）、软体动物为主。可注意观察和少量采集。

采集到的以上标本在野外可直接用乙醇或福尔马林液浸泡保存。如果标本较大，可用注射针向其体内注射一定量保存液即可。

（2）海洋水生动物的采集方法

采集水生动物要用水网和防水工具。其有各种形态和式样，可根据需要购置、制作、加工和使用（图1-1）。

图 1-1　采集海洋动物常用工具示例

海洋动物的采集主要靠收集法和搜寻法。可在各种生境（如泥沙中、泥沙表面、岩石表面、石缝中等）仔细寻找，看到动物后用镊子、夹子或铲子等进行挖取或捞取。

在水较深或水流较慢的区域，可使用长柄的D形手网采集（图1-2）。捞取时采集者最好身穿防水服，手握网柄，在尽可能多样的小生境中进行捕捞后，再将获取物倒入白盘中挑选标本。

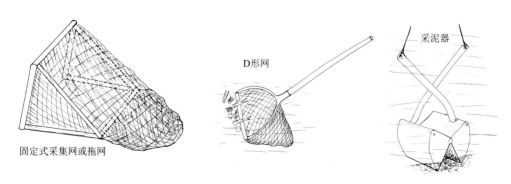

图 1-2　采集海洋动物常用网具示例

对于很浅窄的水域，需要用一种较小的圆网或三角网（与 D 形网类似，但柄较短）：用手搅动底质，并仔细寻找动物，将底质和动物拨或耙到网中后，再倒入白盘中挑选。

在水深小于 0.5m 的浅水区采集动物（如鱼类等）还可用手网（hand screen）。这种网用尼龙纱网布做成，两边用短棍支撑，携带时可只带纱网，在采集地穿上两根细竹竿或树枝即可。采集时可两人合作或单人操作（图 1-3）。两人操作时，需要穿上防水衣裤，一人在网前用脚或手搅动水下的底质，并搅到水网中；另一人撑住手网，稍向后倾斜，等流经网中的水稍变清后，小心捞起手网，将网上的动物同底质一起倒入白盘中进行挑选。挑选出的动物标本可直接放于 95% 或更高浓度的乙醇中。单人操作时可双手扶网，用脚在网前踢起水底底质。当然也可用改进型的网：这种网一般用较沉重的金属构架和网布组成，可单人操作（图 1-3），但需要较大的运输工具，对于有自备车的采集人员较适用。

如果上述方法采集到的底质较多或倒入白盘后水变得太混浊，最好在倒入前先在干净水中对网内物进行清洗后再倒入挑选。

在人不能涉入的、水较深的区域采集时，最好使用采泥器或拖网（图 1-2）。

如果计划在某地进行较长期彻底的采集或定期采集，可使用人工基质。简易的人工基质可用较结实牢固的塑料箱来制作：在塑料箱体上扎数量足够多的细小孔洞后，装上一些石块、树叶等基质后，沉入海水中，等足够长的时间后再取出（如一个月或一个季节），挑选出其中的动物。塑料箱也可由塑料筐或木条筐内铺上具有很小网眼的金属质或尼龙质纱网来代替。

单人操作手网

两人操作手网

图 1-3　手网的使用方法示意

就一般性的、人可以涉入的水域而言，其小生境是多样的。故在某地进行采集时，特别要注意到多样的生境中进行采集，如水边、水中、水草中、石块表面、石块下、泥沙中、淤泥中、枯枝落叶下、深水区、浅水区、流水区、静水区等；也要尽量使用多样的工具和方法进行采集。

5 指导性观察项目

（1）观察海边养殖业者捕获海产品的方法和工具，询问并观察渔民的捕鱼方法和工具。

（2）用不同的网在海水中捕捉鱼类和虾蟹类，并比较它们的效率。

（3）用筛子在泥沙中筛取动物。

（4）在海边石块表面进行取样，看看采集到的动物可分为几个大类。

（5）在沙滩上进行取样采集，比较其与石块表面的动物差别。

第2章
海洋和海滨环境简介

海洋面积约占到地球表面积的 71%，蓄积了地球上 97.6% 的水。由于面积巨大且相互连通，又由于水本身的特点以及海水中含有大量矿物质，因此海洋的存在对稳定地球温度、调节气候，甚至交通运输都有极大的作用和意义。

 海洋分区

由于海洋大而深，无论是从水体或从海底来看，它又可分为若干不同区域（图 2-1）。从水体来看，与湖泊类似，它又可分为浅海区（深度一般在 200m 以内）和大洋区，大洋区的水体又可分为上层（深度为 0 ~ 200m）、中层（200 ~ 1000m）、深海（1000 ~ 4000m）和深渊（深度大于 4000m）。如果从海底来看，海洋又可

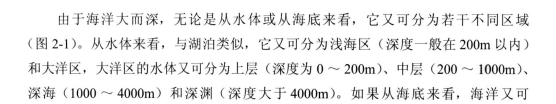
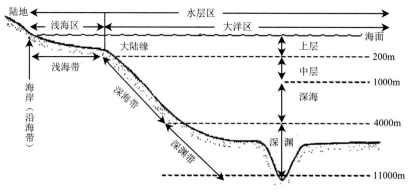

图 2-1　海洋分区示意

分为滨海区（从海水能够溅到的最高处到退潮时的最低点）、浅海区（滨海区以外到大陆架边缘）、深海区（其他海洋地区）。人类活动主要在滨海区和浅海区，此区也是野外实习时能够到达的区域。

2 潮汐

　　流动性的海水会因月亮和太阳的引力作用而发生位置移动，这就形成潮汐。月球绕地球转动一周所需的时间为 24 小时 50 分，约为 1 天，故在一天当中地球各海区一般都会出现两次海水涨落的现象，这称为"半日潮"。当然，由于太阳、月亮与地球的相对位置、海区地质特点等因素，不同地区的潮汐发生的规模与规律等都会有所不同。当太阳、月球和地球的中心大致在同一直线上时，对海水的引力最大或最小，这时就会出现大潮或小潮。大潮一般发生在农历初一（朔日）和农历十五（望日），而小潮一般发生于农历的初八和二十三。

　　有些海滨地区地形较缓，潮汐的涨落不太容易被初来者觉察，防范不周可能会发生人被潮水卷入大海的危险，要特别注意（图 2-2）。

图 2-2　同一点涨潮（A）与落潮（B）时的情形

3 海滩类型

　　海岸或潮间带（滨海带）地质类型复杂，可大致划分为草滩、岩石滩、沙滩和泥滩。此外，海港码头甚至船底等也有很多海洋动物生存（图 2-3）。在入海口的河流中及其附近有大量水生动物。当然，这几种类型的海滩可混合或间杂性出现，较纯粹的、单一型生境并不多见。

图 2-3 海滨不同环境示例

A：草滩；B：岩石滩；C：沙滩；D：泥滩；E：红树林；F：港口

岩石滩可分为两类：直接承受大浪冲击的岩石滩和海湾型岩石滩。此处的动物往往生活在岩石表面或石缝中、水中和底质中。一般营固着生活如海葵、牡蛎、螺类、藤壶等；也有匍匐生活的，如蟹类、石鳖等；自由生活的有海蟑螂、蟹类等（图 2-4）。水中有鱼、虾、蟹和漂浮型的水母等。底质表面有螺、蚌、寄居蟹和寄居虾等；底质中的有螺、蛏、蛤、沙蚕、海葵以及一些鱼类等。

图 2-4 岩石表面及缝隙中的动物示例

A：藤壶和牡蛎；B：海蟑螂

沙滩中的沙具有流动性，对动物而言，不是很好的居住地，但也有很多动物以此为家。除水中有鱼虾外，沙质表面和沙下都有大量生物。如蟹类、海葵（图2-5）等。

图2-5　沙滩动物示例
A：螃蟹；B：海葵

泥滩或泥沙滩由沙、黏土等组成，一般位于河口和波浪作用受到部分阻隔的港湾和封闭的海岸，潮间带几乎是平坦的，适宜动物生存，动物种类繁多。最常见的为软体动物（螺、蛤、蚌、蚶等），也有招潮蟹和弹涂鱼等（图2-6）。

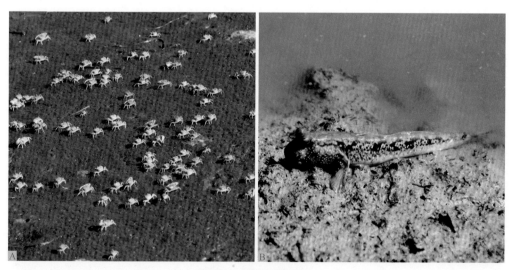

图2-6　泥滩动物示例
A：螃蟹；B：弹涂鱼

草滩、红树林与泥滩生境类似。草中有昆虫，底质下有软体动物、蟹类等。此处往往有鸟类出现，如苍鹭、鹬、沙锥等（图2-7）。

图 2-7　草滩及海岸边动物示例
A：苍鹭；B：沙锥

海港码头生境的特殊性在于其有大量人工建筑，受人类干扰较大，但也可能营养丰富，使这些地区也有一定的独特性。

4　海洋动物概述

巨大的海洋容纳了大量生物，从原生生物到哺乳动物都有（图2-8）。又由于海洋环境相对于陆地更为稳定，加之有浮力作用，海洋中的动物可朝任何方向演化，种类十分丰富多样。无脊椎动物的所有门类几乎都可找到，以刺胞动物、软体动物、节肢动物最为常见。脊椎动物也有大量代表，以鱼类和鸟类种类最为丰富。

图 2-8　海洋动物示例
A：很小的寄居蟹；B：体型庞大的海牛

5 指导性观察项目

（1）观察和拍摄不同的海边生境类型，如沙滩、岩滩等。

（2）在浅沙滩上观察升潮与退潮时海水的变化。

（3）在海边岩石上仔细寻找和观察固着生活的海洋动物。

（4）在石块上寻找并解剖一些藤壶和牡蛎，观察它们的形态结构。

（5）扔几只小螺到有小鱼的水洼中，观察它们的捕食过程与动作。

第 *3* 章

原 生 动 物

原生生物（原生生物界 Protista）是单细胞生物或其聚合体，身体很小，一般要在显微镜下才能看到，在淡水与海水中都有广泛分布。原生生物是一个庞杂的类群，大体上可以将它们分为似植物的（有光合色素、自养性、不运动），既像植物又像动物的（有色素，既可自养也可异养、能运动），似动物的（寄生、异养、能运动）和似真菌的(异养，胞外消化，如水霉、黏菌等)。海洋中似动物的原生生物（原生动物）主要有两类，一类是鞭毛虫，另一类是变形虫。

 代表性种类

（1）鞭毛虫

识别要点：鞭毛虫（鞭毛纲 Mastigophora）具很少数的鞭毛（如 1～2 根），其可以在身体腰部或顶部。海水中常见的有夜光虫 *Noctiluca* sp.（球形，有较大的鞭毛，图 3-1），三角角藻 *Ceratium tripos*（体中区有沟、内有鞭毛，图 3-2）等，有时大量繁殖可引起赤潮。

（2）变形虫

变形虫（肉足纲 Sarcodina）在运动时，身体表面会形成根状或枝状突起。有些种类身体表面具硬质的骨骼状结构。海洋中常见的有属于有孔虫的齿形虫 *Dentalina* sp.

（图 3-3）和五块虫 *Quinqueloculina* sp.（图 3-4），以及属于放射虫的卵果蓬虫 *Carpo-canopsis obovate*（图 3-5）和硅放射虫 *Clathrocanium diadema*（图 3-6）。

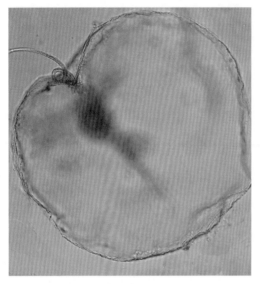

图 3-1　夜光虫 *Noctiluca* sp.

图 3-2　三角角藻 *Ceratium tripos*

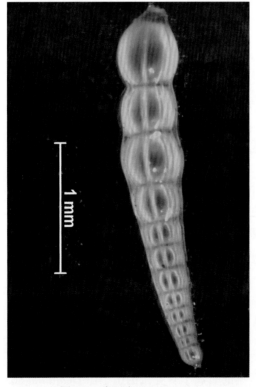

图 3-3　齿形虫 *Dentalina* sp.

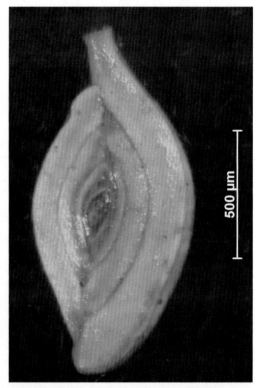

图 3-4　五块虫 *Quinqueloculina* sp.

图 3-5　卵果蓬虫 *Carpocanopsis obovata*

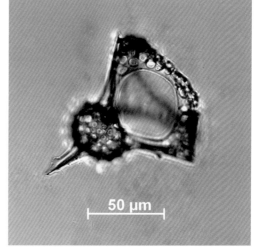

图 3-6　硅放射虫 *Clathrocanium diadema*

2 指导性观察项目

（1）在显微镜下观察海水中的微小动物。

（2）分辨鞭毛虫与变形虫的区别特征。

（3）比较有色素的原生生物（如硅藻）与无色素的原生生物（如夜光虫）的区别。

（4）分析并比较海洋中的变形虫为什么体外有较坚硬的外骨骼。

（5）比较单细胞的生物与多细胞动物的区别与联系。

第4章

多孔动物

多孔动物（多孔动物门 Porifera）也称为海绵动物（海绵动物门 Spongia），其身体结构类似于许多活细胞生活在海绵骨架中，活细胞之间的联系不紧密，而海绵或身体骨架本身是由这些活细胞分泌形成的。为保证活细胞都有营养和氧气供应，多孔动物表面有许多小孔与外界相通，能够让水自由出入。故多孔动物不太像典型的动物，类似于复杂的网或珊瑚。它们就如同许多活细胞生活在多孔的、固定的底质中，像许多小鱼躲在石头缝中。在海水中生活，如果不想随波逐流，这种生活方式也是有利的。

1 代表性种类

不同海绵的内部结构不同，其外部形态也多种多样，有柔软、蓬松、块状的浴海绵 *Euspongia* sp.（图 4-1），有略坚硬、简单筒状的白枝海绵 *Leucosolenia* sp.（图 4-2）、偕老同穴 *Euplectella* sp.（图 4-3），也有分叉状的花树海绵 *Pachychalina* sp.（图 4-4）、深海根枝海绵 *Cladorhiza* sp.（图 4-5）、球状的小球海绵 *Tetractinellina* sp.（图 4-6）、寄居蟹皮海绵 *Suberites domuncula*（图 4-7）以及坚硬如石的杯型海绵 *Phyllospongia* sp.（图 4-8）等。

图 4-1 浴海绵 *Euspongia* sp.

图 4-2　白枝海绵
Leucosolenia sp.

图 4-3　偕老同穴 *Euplectella* sp.

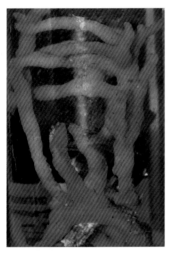

图 4-4　花树海绵
Pachychalina sp.

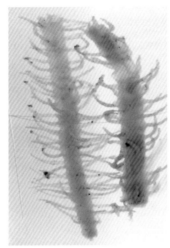

图 4-5　深海根枝海绵
Cladorhiza sp.

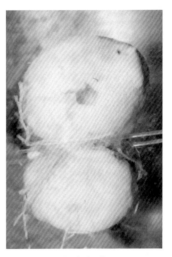

图 4-6　小球海绵
Tetractinellina sp.

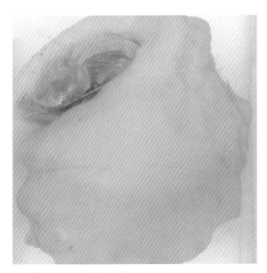

图 4-7　寄居蟹皮海绵 *Suberites domuncula*

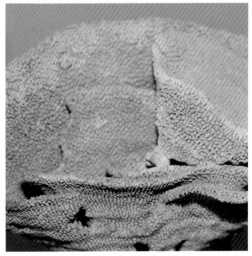

图 4-8　杯型海绵 *Phyllospongia* sp.

2 指导性观察项目

（1）海绵的骨架是由活细胞分泌形成的，故它们的形态是多种多样的或不规则的，观察并比较不同类型的海绵。

（2）海绵骨架内的活细胞需要与外界接触，故海绵是多孔、疏松的，仔细观察海绵骨架。

（3）在显微镜下观察海绵动物的骨架与其活细胞。

（4）在港口水下底质、岩石上仔细寻找并采集少许海绵动物。

（5）珊瑚表面有活着的、活动灵活的水螅体，比较它们与海绵动物的区别。

第 5 章

腔 肠 动 物

腔肠动物（腔肠动物门 Coelenterata）也称为刺胞动物（刺胞动物门 Cnidaria）。本类动物在海洋中极为常见，如海葵、水母、珊瑚等。它们的身体像开口处有许多须状突起、形态不一的胶质口袋，呈简单的辐射状，很像浸满水的果冻。

腔肠动物的生活史一般包含两个主要阶段，水螅型和水母型（图 5-1，珊瑚虫没有水母型），分别对应于附着生活型和自由漂浮型。在海水中如果没有较强的游泳能力，这可能也是必须的选择。当然，这两种类型并没有本质的不同，只不过一个类似于桶，另一个类似于盆罢了。不同种类的腔肠动物，其水螅型和水母型阶段可能发育程度不同，结构的复杂程度也不同，故形成了形态各异、种类繁多的腔肠动物。

图 5-1　腔肠动物的水螅型（A）和水母型（B）示例

1 代表性种类

（1）水螅水母

识别要点：水螅水母（水螅纲 Hydrozoa）无论是其水螅阶段还是水母阶段都较简单、小型，水螅阶段往往较小而不易观察；水母阶段时，其主体为伞状，且伞缘又具一圈膜状构造（缘膜，有些种类缘膜较小而不明显），膜上又着生数量不同的丝状触手；伞体较简单轻薄，伞下中央为口，口周围不具其他更多结构，伞边缘具感觉平衡的结构，如长干薮枝螅 *Obelia longissima*（图 5-2）、单列羽螅 *Monoserius fasciculatus*（图 5-3）、厦门隔膜水母 *Leuckartiara hoepplii*（图 5-4）、瘤手水母 *Tima formosa*（图 5-5）等。

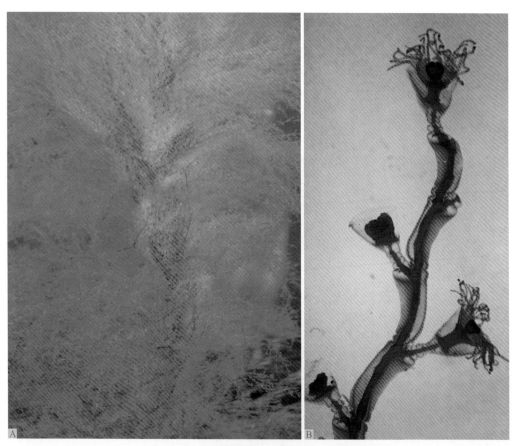

图 5-2　长干薮枝螅 *Obelia longissima*
A：外部形态；B：水螅体解剖图

图 5-3　单列羽螅 *Monoserius fasciculatus*

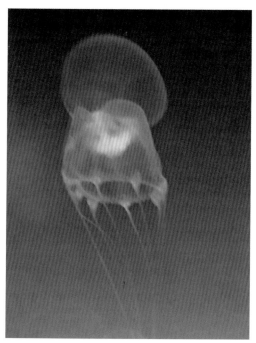

图 5-4　厦门隔膜水母 *Leuckartiara hoepplii*

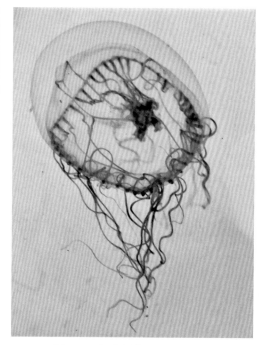

图 5-5　瘤手水母 *Tima formosa*

（2）钵水母

识别要点：钵水母（钵水母纲 Scyphozoa）的生活史也包括水母型和水螅型，但水螅型只在幼体阶段出现，简单、小型；水母型要比水螅水母发达，如口周围有腕、伞体厚实（大多像有质地的碗状），另伞缘不具缘膜，触手直接生长在伞缘上；伞缘还有司平衡的构造（触手囊，看上去像伞缘的缺刻）。如海月水母 *Aurelia aurita* （图 5-6）、车轮水母 *Cassiopeia* sp.（图 5-7）、海蜇 *Rhopilema esculentum*（图 5-8）、褐黄金黄水母 *Chrysaora fuscescens*（图 5-9）等。

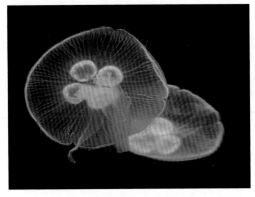

图 5-6　海月水母 *Aurelia aurita*

图 5-7　车轮水母 *Cassiopeia* sp.

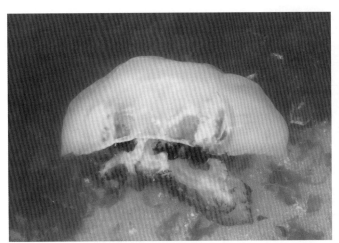

图 5-8　海蜇 *Rhopilema esculentum*

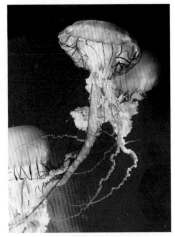

图 5-9　褐黄金黄水母 *Chrysaora fuscescens*

（3）海葵和珊瑚

　　海葵和珊瑚（珊瑚纲 Anthozoa）的水螅型发达，水母型退化；珊瑚虫只有水螅型，没有水母型，且水螅型比水螅水母的更加复杂，体内腔隙分隔成更多的小室。

　　如果说水螅的身体像一个简单的小袋子，那么海葵的身体就像一端开口的旅行箱，而珊瑚则类似于许多小海葵生活在共同的底座上。珊瑚虫自己还能创造底质，它们分泌出结实甚至坚硬的矿物质外骨骼以栖身其中。

　　本类动物最常见的有海葵，如单体型、身体柔软的绿海葵 *Anthopleura midori*

（图 5-10）、黄海葵 *Anthopleura xanthogrammica*（图 5-11）、纵条矶海葵 *Haliplanella luciae*（图 5-12）等。

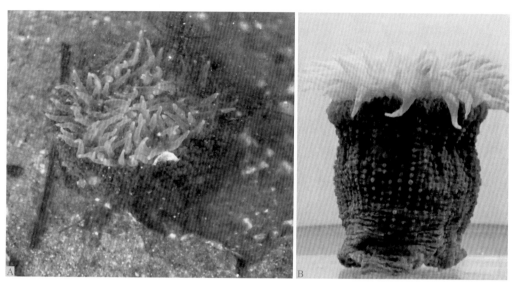

图 5-10　绿海葵 *Anthopleura midori*
A：生活时形态；B：标本的整体结构

图 5-11　黄海葵 *Anthopleura xanthogrammica*
A：生活时形态；B：整体形态

图 5-12　纵条矾海葵 *Haliplanella luciae*（有展开和收缩的个体）

　　另外，还有群体性水螅虫可以形成不太坚固的外骨骼，如棘海鸡冠 *Dendronephthya* sp.（图 5-13）、海仙人掌 *Cavernularia habereri*（图 5-14）、海鳃 *Pennatula* sp.（图 5-15）、棒海鳃 *Veretillum* sp.（图 5-16）等。

图 5-13　棘海鸡冠 *Dendronephthya* sp.

图 5-14　海仙人掌
Cavernularia habereri

珊瑚虫较小，一般很难看到，更多的我们只能看到它们坚硬的外骨骼——珊瑚。珊瑚种类很多，形态各异，往往根据质地和形状来称呼和分类，如管状的笙珊瑚 *Tubipora* sp.（图5-17）、树枝状的红珊瑚 *Corallium* sp.（图5-18）、角状的鹿角珊瑚 *Madrepora* sp.（图5-19）、盘状的石芝 *Fungia fungites*（图5-20）、球形的脑珊瑚 *Meandrina* sp.（图5-21）、菊珊瑚 *Favites* sp.（图5-22）以及不规则的丛生盔形珊瑚 *Galaxea fascicularis*（图5-23）等。

图 5-15　海鳃
Pennatula sp.

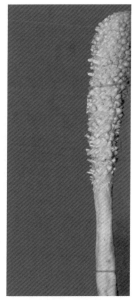

图 5-16　棒海鳃
Veretillum sp.

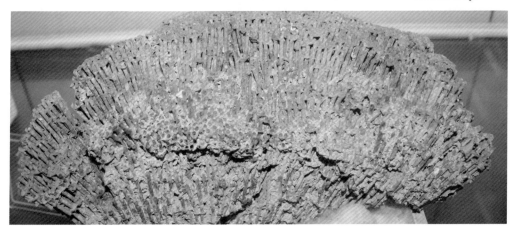

图 5-17　笙珊瑚 *Tubipora* sp.

图 5-18　红珊瑚 *Corallium* sp.

图 5-19　鹿角珊瑚 *Madrepora* sp.

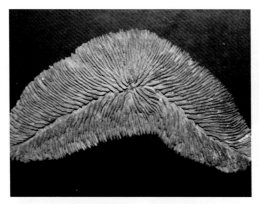

图 5-20　石芝 *Fungia fungites*

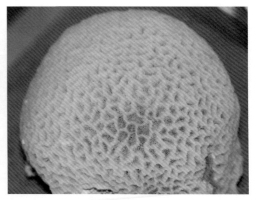

图 5-21　脑珊瑚 *Meandrina* sp.

图 5-22　菊珊瑚 *Favites* sp.

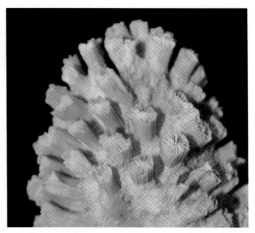

图 5-23　丛生盔形珊瑚 *Galaxea fascicularis*

2 指导性观察项目

（1）在有水的石块上或靠水的石块边、沙上仔细寻找海葵，数一数它们的触手数量，并观察它们的捕食动作。

（2）比较水螅与水母的异同。

（3）分析水螅与海葵的异同。

（4）试说说海蜇入菜的理由。

（5）观察和分析薮枝螅与珊瑚的异同。

第 *6* 章
栉 水 母

栉水母（栉水母动物门 Ctenophora）与水母很像，但口缘一般无须或口腕，体外有许多纤毛，它们排列成有规则的 8 纵行，形成栉板，类似于在塑料袋外加了 8 条加固绳。种类很少，也很少见，如瓜栉水母 *Beroe* sp.（图 6-1）

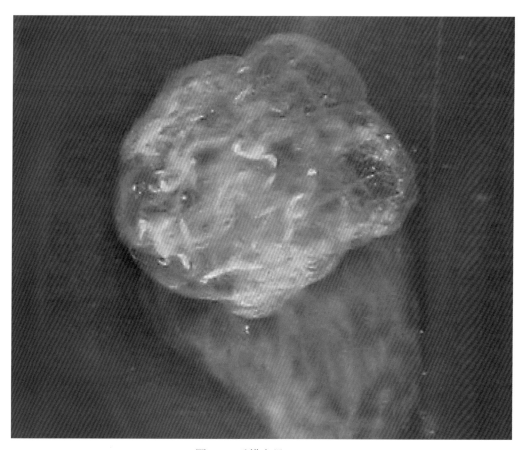

图 6-1　瓜栉水母 *Beroe* sp.

第 *7* 章

扁 形 动 物

扁形动物（扁形动物门 Platyhelminthes）身体扁平、柔软、两侧对称，无明显的眼等感官。体内充满实质而无腔隙。

海洋中的扁形动物主要为自由生活的涡虫，如澳洲异尾涡虫 *Heterochaerus australis*（无眼、无肠，图 7-1），大口涡虫 *Macrostomum* sp.（有肠但简单，图 7-2）。

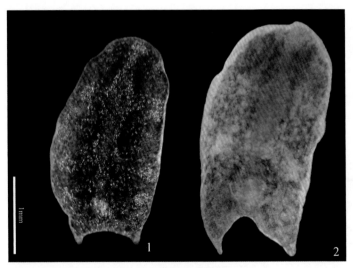
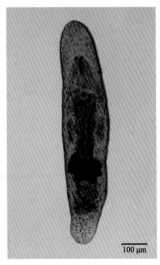

图 7-1　澳洲异尾涡虫　　　　　　　　图 7-2　大口涡虫一种
Heterochaerus australis（汪安泰 提供）　*Macrostomum* sp.（汪安泰 提供）

第 8 章

线　　虫

　　线虫（线虫动物门 Nematoda）体内出现了体腔，内部形态与外部结构都进一步复杂化，如有口有肛门，种类也较多。

　　海洋中自由生活的线虫往往宿于沙缝中，个体只有几毫米，很不引人注意，如口齿线虫 *Odontophora* sp.（图 8-1）和环饰线虫 *Pselionema* sp.（图 8-2）等。

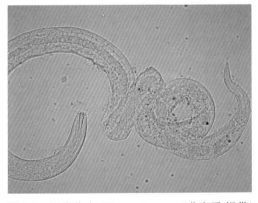 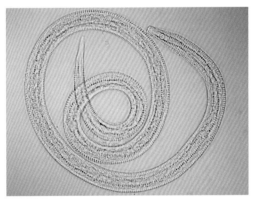

图 8-1　口齿线虫 *Odontophora* sp.（曲寒雪 提供）　　图 8-2　环饰线虫 *Pselionema* sp.（曲寒雪 提供）

第 9 章
轮　　虫

轮虫（轮虫动物门 Rotifera）的身体分为头、躯干和尾三部分，其头缘有一圈或两圈纤毛，这些纤毛会有规律地摆动，像车轮在转动；其身体内部也有体腔。轮虫自由生活于海水中，种类和数量都较多，但由于十分微小（最大的也只有 3mm 左右），不易观察到。常见的有褶皱臂尾轮虫 Brachionus plicatilis（图 9-1）和萼花臂尾轮虫 Brachionus calyciflorus（图 9-2）等。

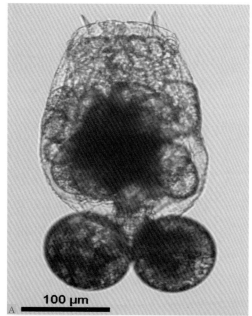

图9-1　褶皱臂尾轮虫 Brachionus plicatilis（黄园 提供）

A：整体照片；B：电镜照片示头部的纤毛

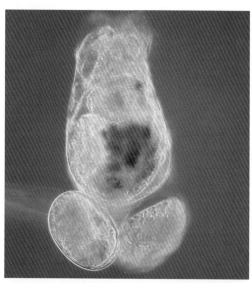

图9-2　萼花臂尾轮虫 Brachionus calyciflorus

第 *10* 章
星　虫

　　星虫（星虫动物门 Sipuncula）生活于海底，体内出现了真体腔。它是胚胎发育过程中，由中胚层裂开而形成的体腔；中胚层本身附着到内、外胚层上继续发育为肌肉、体腔膜等结构。由此可见，真体腔的出现使动物体内的肌肉较为多样和发达，从而使动物的运动、消化能力等大大增强。

　　星虫身体光滑，无刚毛或其他附属物，不分节但体表往往呈凹凸不平的方格状；只在口周围有一圈触手，展开如向日葵花瓣状或星光状；口内有可翻出的吻。常见的有裸身方格星虫 *Sipunculus nudus*（图 10-1，大型，体表方格状明显，吻大）和反体星虫 *Antillesoma* sp.（图 10-2，身体前部细小而尾部大）。

图 10-1　裸身方格星虫 *Sipunculus nudus*

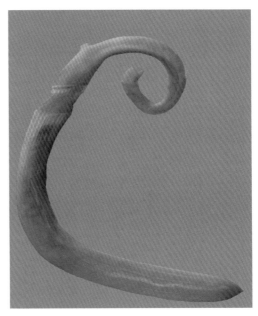

图 10-2　反体星虫 *Antillesoma* sp.

第 *11* 章

螠　虫

　　螠虫（螠虫动物门 Echiura）也生活于海底，种类不多。生活时它们的身体呈柱状或长卵形，像装满水的半透明皮袋，俗称"海肠子"。它们身体光滑但在体表具刚毛，特别是口与肛门附近，如单环棘螠 Urechis unicinctus（图 11-1，肛门周围的刚毛围成单环状）和短吻铲荚螠 Listriolobus brevirostris（图 11-2，吻铲状）。

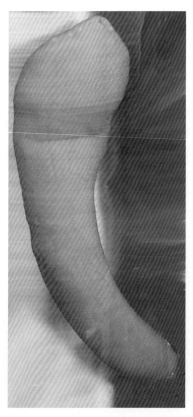

图 11-1　单环棘螠 Urechis unicinctus

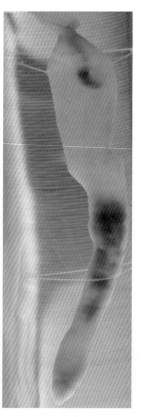

图 11-2　短吻铲荚螠 Listriolobus brevirostris

第 12 章

环 节 动 物

　　环节动物（环节动物门 Annelida）体内也有真体腔。同时，这些动物的身体开始出现分节，功能区有了初步分化和集中，从而演变出多样的类型。

　　生活于海洋中的环节动物大多为沙蚕（环节动物门多毛纲 Polychaeta）。它们多是滩栖型生物，自由行走或穴居（图 12-1），在沙质、泥质海滩上往往较多，有时数量惊人。

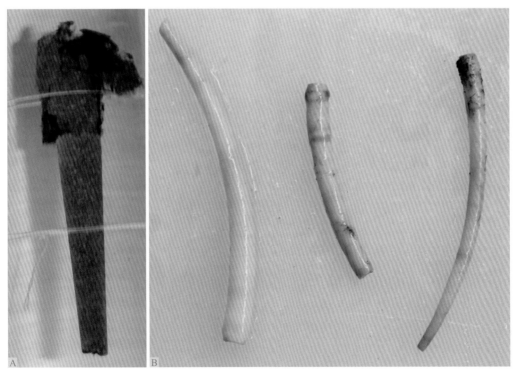

图 12-1　两种穴居沙蚕的巢管示例

A：日本双边帽虫 *Amphictene japonica*；B：角管虫 *Ditrupa arietina*

1 代表性种类

（1）有须游走沙蚕类

识别要点：口周围有触手，具发达的疣足，自由生活型或穴居，但都能主动游走寻找食物，如中锐吻沙蚕 *Glycera rouxi*（图 12-2，具发达的吻），日本沙蚕 *Nereis japonica*（图 12-3），扁犹帝虫 *Eurythoe complanata*（图 12-4，疣足发达），短毛海鳞虫 *Halosydna brevisetosa*（图 12-5）等。

图 12-2　中锐吻沙蚕 *Glycera rouxi*　　图 12-3　日本沙蚕 *Nereis japonica*　　图 12-4　扁犹帝虫 *Eurythoe complanata*　　图 12-5　短毛海鳞虫 *Halosydna brevisetosa*

（2）有须穴居沙蚕类

识别要点：口周围有触手，体上无疣足，穴居，如须鳃虫 *Cirriformia tentaculata*（图 12-6）、孟加拉海扇虫 *Pherusa bengalensis*（图 12-7）和不倒翁虫 *Sternaspis scutata*（图 12-8）。

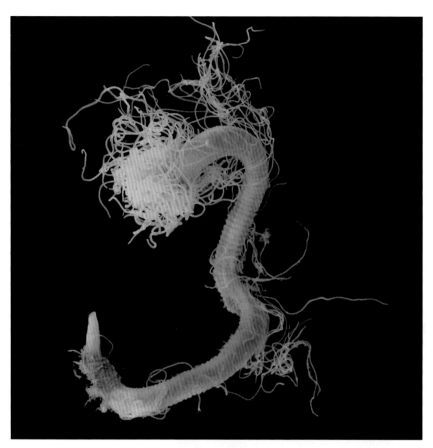

图 12-6　须鳃虫 *Cirriformia tentaculata*

图 12-7　孟加拉海扇虫 *Pherusa bengalensis*　　图 12-8　不倒翁虫 *Sternaspis scutata*

（3）无须穴居沙蚕类

识别要点：口周围无触手，体上无疣足，穴居型居多，似蚯蚓，如日本臭海蛹 *Travisia japonica*（图 12-9）、巴西沙蠋 *Arenicola brasiliensis*（图 12-10）。

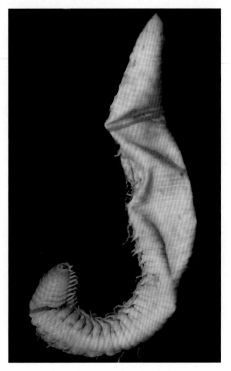

图 12-9　日本臭海蛹
Travisia japonica

图 12-10　巴西沙蠋
Arenicola brasiliensis

2 指导性观察项目

（1）在泥滩或泥沙滩上取样，计算单位体积或面积泥沙中沙蚕的数量。

（2）观察不同的沙蚕，从形态和习性，推测其可能的演化趋势。

（3）介绍沙蚕在海洋生态系统中可能所起到的作用。

（4）观察并区分穴居无触手沙蚕与蚯蚓的特征。

（5）设想一种沙蚕平时躲藏在巢管中，取食时游出并四处寻找。它可能具备什么样的结构？

第 13 章

软体动物

软体动物（软体动物门 Mollusca）似乎想做水中的乌龟，以静制动，用厚厚的壳来保护柔软的身体。由于身负重壳，故行动缓慢，一般需要附着在底质上。从演化的角度看，它们似乎是从行动较为缓慢的自由生活型向两个方向发展，一是固着在石块或陷生在泥沙中静止不动，外壳一般较为厚实沉重；另一种是朝行动敏捷的方向发展，壳薄弱或退化，感官和神经系统发达。海洋中多样的小环境为软体动物提供了多样的栖境，也演化出了多样的种类。

1 代表性种类

（1）无贝壳软体动物

识别要点：无贝壳软体动物（无板纲 Aplacophora）种类很少，蠕虫状，无贝壳，无眼或触角，外套膜发达，腹侧中央有沟，如山本新月贝 *Neomenia yamamotoi*（10cm 左右，鲜红色，图 13-1A、B）和极东丸弯刺贝 *Falcidens ryokuyomaruae*（图 13-1C）。

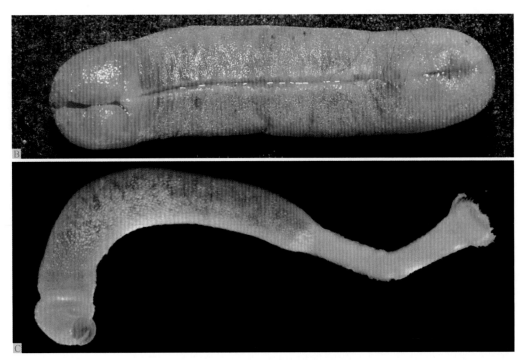

图 13-1　两种无壳软体动物示例

A、B：山本新月贝 *Neomenia yamamotoi*（Bill Frank 提供）；C：极东丸弯刺贝 *Falcidens ryokuyomaruae*（斋藤博 提供）

（2）石鳖

识别要点：石鳖（多板纲 Polyplacophora）身体往往呈长椭圆形，扁平状，一元硬币大小或更小，少数种类较大；柔软不分节的身体像夹在两个肉毯之中，腹面的是发达的腹足，厚实平整，用于吸附和运动；背部的是外套膜（包裹身体外面的膜质结构），也较厚实，背部稍隆起，中央有 8 块贝壳镶嵌其中，贝壳周围裸露的外套膜上有各种刚毛、刺或毛带、毛簇等，可用于识别不同的种类（图 13-2，图 13-3）。

图 13-2　红条毛肤石鳖 *Acanthochiton rubrolineatus*
A：背面观；B：腹面观

图 13-3　日本花棘石鳖
Liolophura japonica

常见的有红条毛肤石鳖*Acanthochiton rubrolineatus*（图13-2，背板周围有18丛刚毛簇，贝壳中央成熟时呈红色）和日本花棘石鳖*Liolophura japonica*（图13-3，背板周围密生棘毛）等。

（3）螺类

识别要点：螺类（腹足纲Gastropoda）往往具一螺旋形贝壳（少数种类贝壳的螺旋形不明显或较低矮或退化），有明显的头部，其又具1对眼和1～2对触角；腹足发达，能分泌黏液。常见的海洋螺类很多，有螺口很大、螺体较小的皱纹盘鲍*Haliotis discus*（图13-4，较大，中小型番茄大小，常见的食用鲍，表面有青绿色金属光泽），嫁𧐢*Cellana toreuma*（图13-5，一分硬币大小，螺口近椭圆形，一端稍窄；螺极扁，顶偏向一侧），史氏背尖贝*Nipponacmea schrenckii*（图13-6，螺口近圆形；螺稍高，口缘色斑不明显），矮拟帽贝*Patelloida phgmaea*（图13-7，螺口椭圆形，螺更高，口缘色斑明显）等。

图13-4 皱纹盘鲍*Haliotis discus*

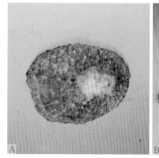

图13-5 嫁𧐢*Cellana toreuma*
A：背面观；B：侧面观

图13-6 史氏背尖贝*Nipponacmea schrenckii*
A：侧面观；B：背面观；C：腹面观

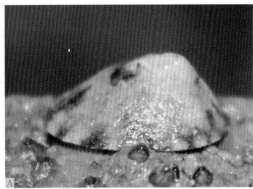
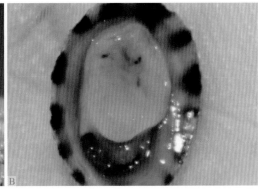

图 13-7　矮拟帽贝 *Patelloida phgmaea*
A：背面观；B：腹面观

　　有些螺类形态较标准，常见的有扁玉螺 *Neverita didyma*（图 13-8，常见的食用螺，壳顶不突出），方斑东风螺（红螺）*Babylonia areolate*（图 13-9，小型螺类，体斑为乳白色与方形的红黑色斑块相间），脉红螺 *Rapana venosa* 等（图 13-10，拳头大小，螺口有明显纵纹并呈红色）。

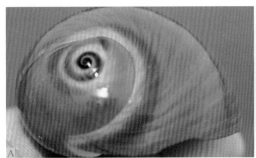

图 13-8　扁玉螺 *Neverita didyma*
A：背面观；B：生活时状态

图 13-9　方斑东风螺 *Babylonia areolate*　　　　图 13-10　脉红螺 *Rapana venosa*

螺类大多生活在泥沙滩的积水处，而有些螺类可生活在潮水能溅到的岩石表面上，如短滨螺 *Littorina brevicula*（图 13-11，个体小，有明显的横肋）和小结节滨螺 *Nodilittorina exigua*（图 13-12，无明显的横肋，表面突出颗粒状）等。

图 13-11　短滨螺 *Littorina brevicula*
A：螺的形态；B：大量个体聚集生活时形态

图 13-12　小结节滨螺 *Nodilittorina exigua*

也有些螺体变得扁平，螺纹像同心圆，如配景轮螺 *Architectonica perspectiva*（图 13-13，非常扁平，斑纹明显）和托氏蜎螺 *Umbonium thomasi*（图 13-14，相对较厚实，有红色斑纹）。

图 13-13 配景轮螺
Architectonica perspectiva

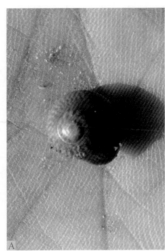

图 13-14 托氏蜎螺 *Umbonium thomasi*
A：螺体；B：生活时在沙上行走的痕迹

相反的，有些螺的壳变得尖细，如纵带滩栖螺 *Batillaria zonalis*（图 13-15，螺口较尖，螺尖塔形），多形滩栖螺 *Batillaria multiformis*（图 13-16，螺口较平），笋锥螺 *Turritella terebra*（图 13-17，螺尖更细，螺层较多，螺口平整）等。

图 13-15 纵带滩栖螺 *Batillaria zonalis*　图 13-16 多形滩栖螺 *Batillaria multiformis*　图 13-17 笋锥螺 *Turritella terebra*

有些螺的螺壳不完整，如红翁戎螺 *Perotrochus hirasei*（图 13-18，螺上有较宽、较短的裂缝）和龙宫翁戎螺 *Entemnotrochus rumphii*（图 13-19，螺较大，裂缝较深）。

大马蹄螺 *Trochus niloticus*（图 13-20）与近亲马蹄螺 *Trochus stellatus*（图 13-21）的螺体大，厚实。

图 13-18　红翁戎螺 *Perotrochus hirasei*

图 13-19　龙宫翁戎螺 *Entemnotrochus rumphii*

图 13-20　大马蹄螺 *Trochus niloticus*

图 13-21　近亲马蹄螺 *Trochus stellatus*

有些螺类很大，螺壳坚实、延长，像帽子，如宝冠螺 *Cypraecassis rufa*（图 13-22，表面疣突较多较明显）和唐冠螺 *Cassis cornuta*（图 13-23，螺壳明显僧帽状，表面有突起）。

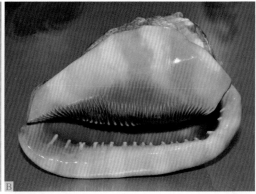

图 13-22　宝冠螺 *Cypraecassis rufa*
A：背面观；B：腹面观

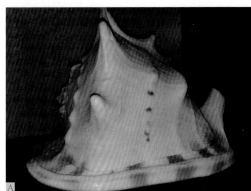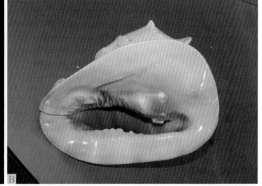

图 13-23　唐冠螺 *Cassis cornuta*
A：背面观；B：腹面观

也有很多螺类的螺壳表面具有许多突起，如水字螺 *Lambis chiragra*（图 13-24）和蜘蛛螺 *Lambis crocata*（图 13-25）。

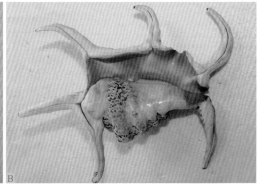

图 13-24　水字螺 *Lambis chiragra*
A：背面观；B：腹面观

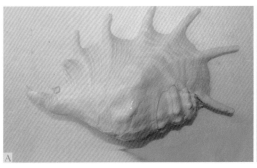

图 13-25　蜘蛛螺 *Lambis crocata*
A：背面观；B：侧面观

有些螺类的螺壳表面突起多而大，如栉骨螺 *Murex triremes*（图 13-26）。

图 13-26　栉骨螺 *Murex triremes*

也有很多螺壳表面光滑的螺类，如伶鼬榧螺 *Oliva mustelina*（图 13-27，螺口延长）和红口榧螺 *Oliva miniacea*（图 13-28，螺口延长，内部呈红色）。

图 13-27　伶鼬榧螺 *Oliva mustelina*
A：背面观；B：侧面观

图 13-28　红口榧螺 *Oliva miniacea*
A：背面观；B：侧面观

　　宝贝螺的表面像是打磨上漆过的，十分光滑圆润，如虎斑宝贝螺 *Cypraea tigris*（图 13-29）和酒桶宝贝螺 *Talparia talpa*（图 13-30）。

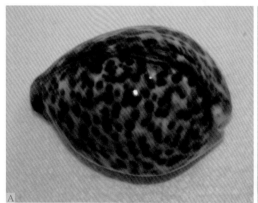

图 13-29　虎斑宝贝螺 *Cypraea tigris*
A：背面观；B：侧面观

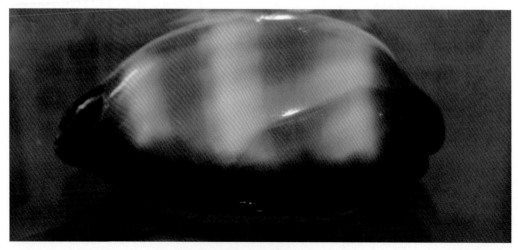

图 13-30　酒桶宝贝螺 *Talparia talpa*

（4）海兔

有些螺类的外壳退化或被外套膜包裹而不显，如斧壳海兔 *Dolabrifera dolabrifera*（图 13-31）和书纹管海兔 *Syphonota geographica*（图 13-32）。

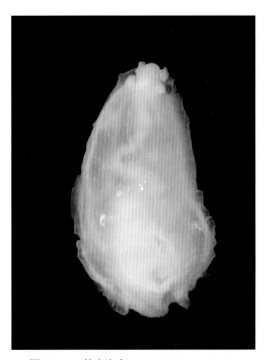

图 13-31　斧壳海兔 *Dolabrifera dolabrifera*

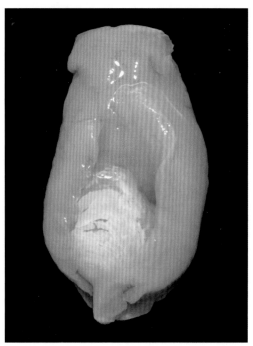

图 13-32　书纹管海兔 *Syphonota geographica*

（5）角贝

识别要点：角贝（掘足纲 Scaphopoda）的壳像一根两端开口、一头大、一头略小且过渡平滑的管子。大头处的开口为角贝足伸缩的出入口，而小口为水流进出其身体的开口。常见的角贝有大角贝 *Dentalium vernedei*（图 13-33，较大，约有 20cm 长）和胶州湾角贝 *Dentalium kiaochowwanensis*（图 13-34，较小，只有 3 ～ 5cm），生活于底质中。

（6）贝类

识别要点：贝类（双壳纲 Bivalvia）具两枚贝壳，身体躲藏在贝壳中；两贝壳在顶部铰合而腹面开放，其较强壮发达的斧足由此伸出，从而能够运动。贝类形态多样，种类丰富，是重要的海洋经济动物。由于贝类的身体较柔软，野外不易解剖观察，故在野外多利用贝类的形状、大小、贝壳表面的纹路等进行区分和归类。

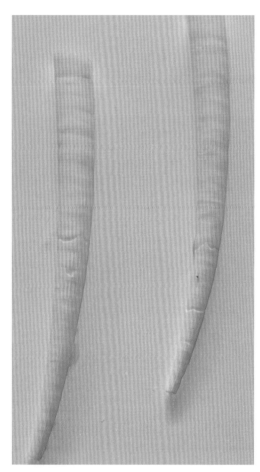

图 13-33　大角贝 *Dentalium vernedei*

　　贝壳表面具纵肋、铰合齿多而成列的贝类往往通称为"蚶"，如毛蚶 *Scapharca kagoshimensis*（图 13-35，铜板大小，铰合部较平直，纵肋较少且平滑），魁蚶 *Scapharca broughtonii*（图 13-36，纵肋较多），布氏蚶 *Arca boucardi*（形状不规则，图 13-37）。

图 13-34　胶州湾角贝 *Dentalium kiaochowwanensis*　　图 13-35　毛蚶 *Scapharca kagoshimensis*

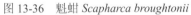

图 13-36　魁蚶 *Scapharca broughtonii*

图 13-37　布氏蚶 *Arca boucardi*
A：外面观；B：内面观

蛤类的贝壳具横纹。可食用的蛤类很多，如文蛤 *Meretrix meretrix*（图 13-38，可达手掌大、壳上有 W 型纹路），短文蛤 *Meretrix petechialis*（图 13-39，铜板大，色多变），青蛤 *Cyclina sinensis*（图 13-40，纽扣大，贝壳灰青色，但边缘渐浅），四角蛤蜊 *Mactra veneriformis*（图 13-41，一元硬币大、壳缘色深），江户布目蛤 *Leukoma jedoensis*（图 13-42，大型纽扣大，有纵肋），日本镜蛤 *Dosinia japonica*（图 13-43，形状独特，前后闭壳肌明显）等。

图 13-38　文蛤 *Meretrix meretrix*

图 13-39　短文蛤 *Meretrix petechialis*

图 13-40　青蛤 *Cyclina sinensis*

图 13-41　四角蛤蜊
Mactra veneriformis

图 13-42　江户布目蛤 *Leukoma jedoensis*
A：外面观；B：内面观

图 13-43　日本镜蛤 *Dosinia japonica*
A：外面观；B：内面观

　　贝壳具明显色彩的常见贝类有西施舌 *Coelomactra antiquata*（图 13-44）、紫彩血蛤 *Nuttallia ezonis*（图 13-45）、菲律宾蛤仔 *Venerupis philippinaraum*（图 13-46）等。

图 13-44　西施舌
Coelomactra antiquata

图 13-45　紫彩血蛤 *Nuttallia ezonis*
A：外面观；B：内面观

有些贝类能生长珍珠。这些贝类的贝壳内面呈光滑亮丽的镜状，壳厚而大，如前翼珍珠贝 *Pteria antelata*（图 13-47）、小翼珍珠贝 *Pteria sypsellus*（图 13-48）、斑珠母贝 *Pinctada maculata*（图 13-49）、长耳珠母贝 *Pinctada chemnitzi* 等（图 13-50）。

图 13-46　菲律宾蛤仔 *Venerupis philippinaraum*

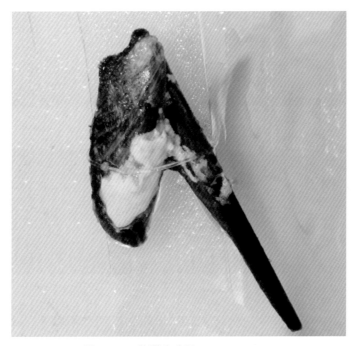

图 13-47　前翼珍珠贝 *Pteria antelata*

图 13-48　小翼珍珠贝
Pteria sypsellus

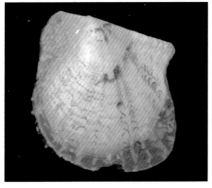

图 13-49　斑珠母贝 *Pinctada maculata*

图 13-50　长耳珠母贝 *Pinctada chemnitzi*

　　有些贝类的贝壳延长成细条状，常见的有缢蛏 *Sinonovacula constricta*（图 13-51，贝壳浅白色至浅黄色，长为宽的 2～3 倍，两端圆钝），大竹蛏 *Solen grandis*（图 13-52，贝壳浅黄色至黄色，有条纹，长为宽的 4～5 倍，两端平截），长竹蛏 *Solen strictus*（图 13-53，贝壳绿褐色至黑色，有条纹，长为宽的 6～7 倍，两端平截）等。

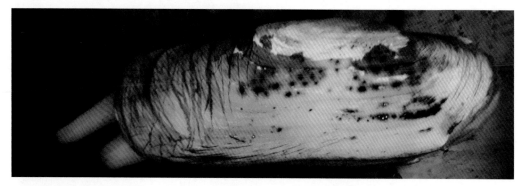

图 13-51　缢蛏 *Sinonovacula constricta*

图 13-52　大竹蛏 *Solen grandis*

图 13-53　长竹蛏 *Solen strictus*

　　也有背腹部加长的贝类，常见的有紫贻贝 *Mytilus galloprovincialis*（图 13-54，新鲜时贝壳带紫色，足丝不明显，手指长），厚壳贻贝 *Mytilus coruscus*（图 13-55，新鲜时也具紫色但较浅，足丝较明显），绿唇贻贝 *Perna canaliculus*（图 13-56，贝壳有明显绿色），翡翠贻贝 *Perna viridis*（图 13-57，贝壳较长，内面镜状）以及较小的凸壳肌蛤 *Musculus senhousia*（图 13-58，小指甲大，表面有红色纹）。

图 13-54 紫贻贝 *Mytilus galloprovincialis*

图 13-55 厚壳贻贝 *Mytilus coruscus*

图 13-56 绿唇贻贝
Perna canaliculus

图 13-57 翡翠贻贝 *Perna viridis*

图 13-58 凸壳肌蛤
Musculus senhousia

江瑶的贝壳极度延长，形成大三角形，如栉江瑶 *Atria pectinata*（图 13-59）和二色裂江珧 *Pinna bicolor*（图 13-60）。

有些贝类长得极大，甚至有脸盆大，常见的有砗磲 *Tridacna gigas* 等（图 13-61，贝壳表面呈波浪状）。

有些贝类身体较为侧扁，常见的有栉孔扇贝 *Chlamys farreri*（图 13-62，铰合孔较大，贝壳顶部突起边缘具小齿，有纵肋，纵肋上有瘤突，较大的纵肋间有细肋，鼠标大小，颜色多变、多以红褐色为主，左右贝壳稍不等），华贵栉孔扇贝 *Mimachlamys nobilis*（图 13-63，颜色艳丽，纵肋较宽）。

图 13-59　栉江珧 *Atria pectinata*

图 13-60　二色裂江珧 *Pinna bicolor*

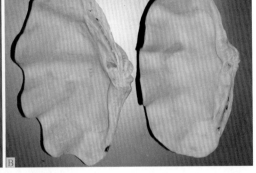

图 13-61　砗磲 *Tridacna gigas*

A：外面观；B：内面观

图 13-62　栉孔扇贝 *Chlamys farreri*

A：外面观；B：内面观

图 13-63　华贵栉孔扇贝 *Mimachlamys nobilis*

　　牡蛎的贝壳形状不规则、左右贝壳也不相等，以附着在岩石表面。常以石灰色为主，也有稍浅或稍深的种类和个体，如长牡蛎 *Crassostrea gigas*（图 13-64，较大较长，壳缘较平整）、近江牡蛎 *Crassostrea ariakensis*（图 13-65，近椭圆形，壳表面纵肋不明显）、密鳞牡蛎 *Ostreh denselamellosa*（图 13-66，近圆或掌状，壳表面肋和鳞片明显）、猫爪牡蛎 *Talonostrea talonata*（图 13-67，较小，掌状）。

图 13-64　长牡蛎 *Crassostrea gigas*

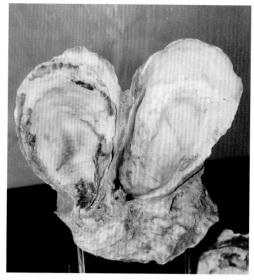

图 13-65　近江牡蛎 *Crassostrea ariakensis*

图 13-66　密鳞牡蛎 *Ostreh denselamellosa*

图 13-67　猫爪牡蛎 *Talonostrea talonata*

　　也有左右贝壳极端不相等的种类，如中国不等蛤 *Anomia chinensis*（图 13-68），其腹壳薄片状，很小。

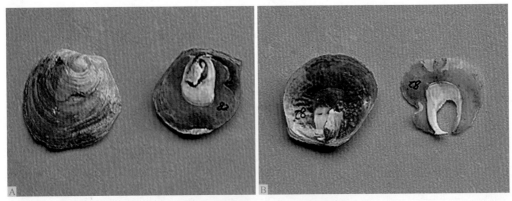

图 13-68　中国不等蛤 *Anomia chinensis*
A：背面观；B：腹面观

螺和蛤多生活于泥沙中或其表面，但也有部分种类可生活于木头中，给渔业和船带来一定的损害。常见的有船蛆 *Teredo navalis*（图 13-69，身体蠕虫状，前端有两个白色小贝壳，后端为一长管，虫体躲在管中）。

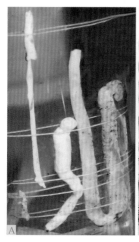

图 13-69　船蛆 *Teredo navalis*
A：动物身体及壳的形态；B：在木头中形成的孔洞

（7）头足类

识别要点：头足类软体动物（头足纲 Cephalopoda）有明显的头部和眼，在口的周围有由足演化而来的腕和漏斗。

鹦鹉螺 *Nautilus pompilius* 具有一个平面卷曲的外壳，口旁的腕多，60 枚以上，小而细（图 13-70）。

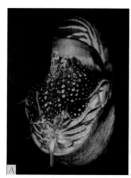

图 13-70　鹦鹉螺 *Nautilus pompilius*
A：活体；B：壳外面观；C：壳内部结构

乌贼的壳很小很薄，在体内；口周围有腕 10 枚，其中 2 枚可能较长。相比之下，身体相对更大。常见的有中国枪乌贼 *Loligo chinensis*（图 13-71，体较长）和日本枪乌贼 *Loligo japonica*（图 13-72，身体较粗壮）。

图 13-71　中国枪乌贼 *Loligo chinensis*

图 13-72　日本枪乌贼 *Loligo japonica*

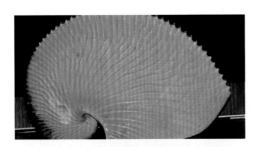

图 13-73　船蛸 *Argonauta argo* 的壳

章鱼无壳，口周围有腕 8 枚，长短相差不大；相比之下，身体要小得多，如船蛸 *Argonauta argo*（图 13-73，雌性个体会分泌两个较薄的贝壳，但雄性无），长蛸 *Octopus variabilis*（图 13-74，腕较长）和短蛸 *Octopus ocellatus*（图 13-75，腕较短）。

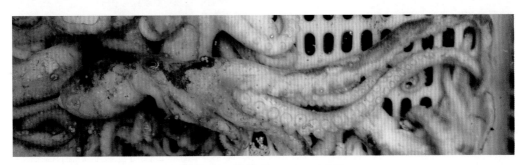

图 13-74　长蛸 *Octopus variabilis*

图 13-75　短蛸 *Octopus ocellatus*

2 指导性观察项目

（1）比较石鳖的贝壳与贝类贝壳的异同。

（2）将石鳖的 8 块贝壳对称折叠或将其合并为 1 个贝壳，其就与贝类或螺类接近了，对吗？

（3）如果软体动物的祖先是蠕虫状的，请推测其最可能是什么样的？

（4）观察并比较滨螺壳与笠贝壳的差异。

（5）思考外壳对软体动物的有利作用和不利负担。

（6）观察贝类的贝壳的结构，想想"蚌病成珠"的原理与过程。

（7）乌贼可看作是脱去外壳、会自由游泳的蜗牛，对吗？

（8）有外壳的软体动物往往眼较小，而无外壳的软体动物眼较大、游泳能力强，思考它们的相关性与可能的作用。

（9）观察船蛆的结构与功能，挖隧道的机器能否采用同样的原理？

（10）观察并思考软体动物的柔软身体与坚硬外壳之间的关系或联系。

第 *14* 章
海洋节肢动物

　　节肢动物（节肢动物门 Arthropoda）的身体躯干分部并分节，实现了功能集中和功能区分化；每节体节又可能具有 1 ～ 2 对附肢，而附肢又可能具有形态丰富的突起或附属物，附肢及其附属物又会分节，故行动灵活敏捷；同时，节肢动物身体表面又具有外骨骼，具有保护身体和提供肌肉附着点的作用，取得了进化上的突破，故节肢动物是多样性最高的动物类群，海洋中亦然。它们种类繁多、形态多样、习性复杂，构成了丰富多彩的海洋动物世界。

1 **代表性种类**

图 14-1　莫德卡三叶虫 *Modocia* sp.

（1）三叶虫

　　识别要点：三叶虫（三叶虫纲 Trilobita）为化石生物，身体纵向上分为头部、胸部和尾部，而在背面观中，其从左到右又可分为三部分，类似三片或三叶，如莫德卡三叶虫 *Modocia* sp.（图14-1）。

（2）鲎

　　识别要点：鲎（肢口纲 Merostomata）的身体分为三部分：头胸部、腹部和尾剑，用书鳃（类似于书本的多层页状结构）呼吸。我国有三刺鲎 *Tachypleus tridentatus*（图 14-2A、B，又叫中国鲎、东方鲎，雄性腹部边缘具刺数枚，雌性的后几枚较小；体长长于尾剑，尾剑三角形）和圆尾鲎 *Carcinoscorpius rotundicauda*（尾比体长，圆形；图 14-2C）。

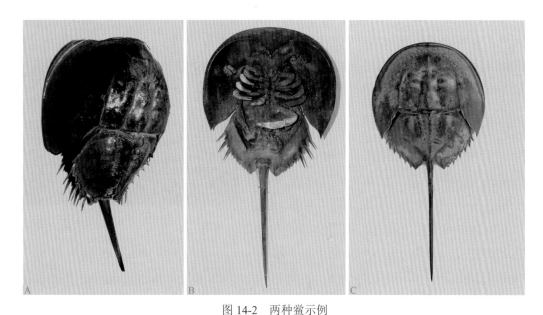

图 14-2　两种鲎示例

A、B：三刺鲎 *Tachypleus tridentatus*（A：雄性背面观；B：雌性腹面观）；C：圆尾鲎 *Carcinoscorpius rotundicauda*

（3）海蜘蛛

识别要点：海蜘蛛（海蜘蛛纲 Pycnogonida）的身体分为三部分：头部具可吮吸的吻和 2 对小的附肢，胸部具 4 对长附肢（足），腹部细小。它们的身体躯干（头、胸、腹）细长，与足相比并不明显粗大，因有 8 根长足，而形似蜘蛛，如滨水海蜘蛛 *Pycnogonum littorale*（图 14-3）。

（4）甲壳动物

图 14-3　滨水海蜘蛛 *Pycnogonum littorale*

甲壳动物（甲壳纲 Crustacea）种类繁多，是海洋中最繁盛的节肢动物。它们的身体一般分为头胸部和腹部，用胸部附肢基部的鳃呼吸。对于身体微小的种类，其鳃可能消失。

介形虾

识别要点：介形虾（介形亚纲 Ostracoda）身体不分节或分节不明显，体外包有两枚似贝类的贝壳（介壳），但介形虾的介壳较软且身体上有附肢可与软体动物区别；头部较大，其他部分很小，头上具 2 对长触角用于游泳，如齿形海荧 *Cypridina dentata*（图 14-4）。

桡足类

识别要点：桡足类（桡足亚纲 Copepoda）的身体分为头、胸和腹部（有时头与胸部不易区分），头部有一单眼，第一对触角较长，似划船的桨用于游泳；腹部细短，末端

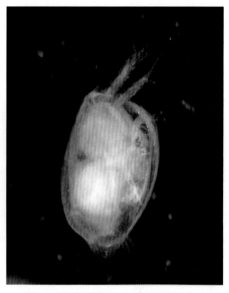

图 14-4　齿形海荧 *Cypridina dentata*

具一对尾肢。常见的有双刺唇角水蚤 *Labidocera rotunda*（图 14-5），腹针胸刺水蚤 *Centropages abdominalis*（图 14-6，触角长），中华哲水蚤 *Calanus sinicus*（图 14-7，体侧扁）等。

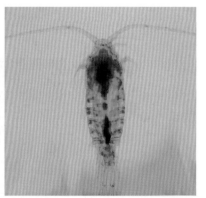

图 14-5　双刺唇角水蚤
Labidocera rotunda

图 14-6　腹针胸刺水蚤
Centropages abdominalis

图 14-7　中华哲水蚤
Calanus sinicus

藤壶

识别要点：藤壶（蔓足亚纲 Cirripedia）的身体很像平躺甚至倒立着的介形虾，只不过它们的外壳是单枚钙质的，形似火山；头部另有四枚或更多甲壳，闭合时可堵塞外壳的开口以保护身体，头部具一对触角，胸部 6 节，每节都具有一对附肢（足），其末端呈羽毛状，用以过滤食物。常见的有茗荷 *Lepas anatifera*（黑白色，有紫色条

纹，近头部有肉质长柄，用以悬挂和固定在基质上，体外具外壳 5 枚，图 14-8），龟足 *Capitulum mitella*（金黄至绿色，柄较短，密生疣突，体外具外壳 8 枚，图 14-9），高峰条藤壶 *Striatobalanus amaryllis*（有紫色条纹，外壳深裂至基部，图 14-10），杂色纹藤壶 *Amphibalanus variegatus*（外壳深裂至基部，有横纹，图 14-11），缺刻藤壶 *Balanus crenatus*（表面有褐黄色外膜，外壳白色，基部完整封闭，图 14-12），鳞笠藤壶 *Tetraclita squamosa*（外壳形成笠状或帽状，封闭的基部大而明显，图 14-13）。

图 14-8　茗荷 *Lepas anatifera*

图 14-9　龟足 *Capitulum mitella*

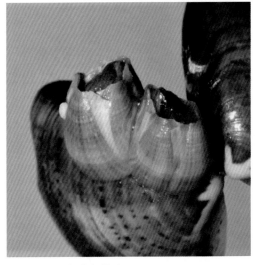

图 14-10　高峰条藤壶 *Striatobalanus amaryllis*

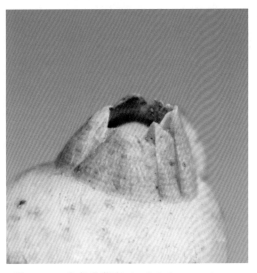

图 14-11　杂色纹藤壶 *Amphibalanus variegatus*

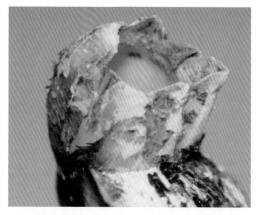

图 14-12　缺刻藤壶 *Balanus crenatus*

图 14-13　鳞笠藤壶 *Tetraclita squamosa*

虾蛄

虾蛄（掠虾亚纲 Hoplocarida）是较大易见的海洋甲壳动物，它们的头胸甲较小，只覆盖胸部前 4 节；胸部有颚足 5 对，第 2 对为捕捉式；步足 3 对。如口虾蛄 *Oratosquilla oratoria*（图 14-14），俗称"皮皮虾"。

图 14-14　口虾蛄 *Oratosquilla oratoria*
A：成体背面观；B：成体腹面观；C：幼体背面观

水虱

识别要点：水虱（真软甲亚纲 Eumalacostraca 等足目 Isopoda）无头胸甲，身体扁平，胸部各节的附肢形态类似。常见的有自由生活型的海岸水虱 *Ligia oceanica*（又叫海蟑螂，体长在 2cm 以上，相对较大，多在海边石缝间活动，图 14-15）以及寄生于鱼体的尖甲水虱 *Nerocila acuminata*（图 14-16）等。

图 14-15 海岸水虱 *Ligia oceanica*

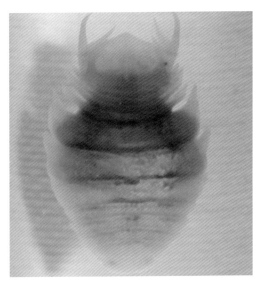

图 14-16 尖甲水虱 *Nerocila acuminata*

钩虾

识别要点：钩虾（真软甲亚纲、端足目 Amphipoda）无头胸甲，头胸部各节明显，各节都具附肢且胸部附肢分化为颚足和步足，身体左右侧扁，如钩虾 *Aaisogammarus* sp.（体长在 2cm 以上，有明显色斑，生活在浅水区，图 14-17A）和细长脚虫戎 *Themisto gracilipes*（体长在 1cm 以下，浅白色，浮游生活，图 14-17B）。

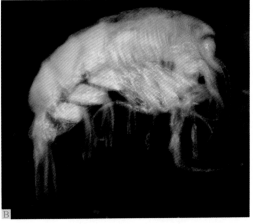

图 14-17 两种钩虾示例

A：钩虾一种 *Aaisogammarus* sp.；B：细长脚虫戎 *Themisto gracilipes*

糠虾

识别要点：糠虾（真软甲亚纲、糠虾目 Mysidacea）有头胸甲但柔软透明，后缘向前凹入而使末 2 胸节裸露；胸部 8 节，末 4 节不与其他胸节愈合；一般为小型的虾类，体长在 1cm 以下，如儿岛囊糠虾 *Gastrosaccus kojimaensis*（图 14-18）。

图 14-18　儿岛囊糠虾 *Gastrosaccus kojimaensis*

磷虾

识别要点：磷虾（真软甲亚纲、磷虾目 Euphausiacea）有头胸甲且盖住所有头胸部；胸部具附肢 8 对，形态类似；有发光器。我国常见的有太平洋磷虾 *Euphausia pacifica*（图 14-19）等。

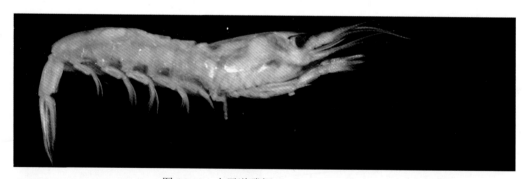

图 14-19　太平洋磷虾 *Euphausia pacifica*

图 14-20　中国毛虾 *Acetes chinensis*

毛虾

识别要点：毛虾（真软甲亚纲、十足目 Decopoda 樱虾科 Sergestidae）个体较小，一般只有 2～3cm；身体侧扁；胸部颚足 3 对，步足 3 对（第 4、5 步足退化）。我国常见的有中国毛虾 *Acetes chinensis*（图 14-20，尾肢有红点），可制作虾皮。

莹虾

识别要点：莹虾（真软甲亚纲、十足目、莹虾科 Luciferidae）形态独特，为细长虾类，身体侧扁；头部极细长；胸部步足 5 对，前两对弱小，后 3 对细长；腹部游泳肢发达。我国有 6 种，如正形莹虾 *Lucifer typus*（图 14-21）。

图 14-21　正形莹虾 *Lucifer typus*

对虾

识别要点：对虾（真软甲亚纲、十足目、对虾科 Penaeidae）一般为较大的虾类，胸部步足 5 对，前 3 对为螯状，后两对正常；鳃为枝状，数目多。常见的有日本对虾（竹节虾）*Penaeus japonicus*（身体上具蓝紫色环纹，图 14-22），中国对虾 *Penaeus chinensis*（青色，附肢白色，图 14-23），南美白对虾 *Penaeus vannamei*（较大，足白色，图 14-24），近缘新对虾（基围虾）*Metapenaeus affinis*（额剑仅上缘具齿，腹部附肢红色，图 14-25）等。

图 14-22　日本对虾（竹节虾）
Penaeus japonicus

图 14-23　中国对虾 *Penaeus chinensis*

图 14-24　南美白对虾 *Penaeus vannamei*

图 14-25　近缘新对虾（基围虾）
Metapenaeus affinis

鼓虾

识别要点：鼓虾（真软甲亚纲、十足目、鼓虾科 Alpheidae）的第 1 对步足左右不对称，螯状，鼓胀膨大；眼部分或全部被头胸甲盖住。如鼓虾属一种 *Alpheus* sp.（图 14-26）。

美人虾

识别要点：美人虾（真软甲亚纲、十足目、美人虾科 Callianassidae）的第 1 对步足左右不对称，螯状；第 2 对步足也为螯状；身体似乎透明。如哈氏和美虾 *Nihonotrypaea harmandi*（第一步足大螯内有 2 枚齿突，图 14-27）。

图 14-26　鼓虾属一种 *Alpheus* sp.

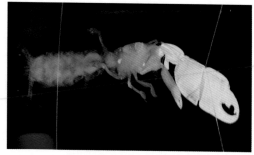

图 14-27　哈氏和美虾 *Nihonotrypaea harmandi*

龙虾

识别要点：龙虾（真软甲亚纲、十足目、龙虾科 Palinuridae）个体大、体色艳，背腹扁平而不似普通虾类的左右侧扁。常见的有澳洲龙虾 *Cherax quadricarinatus*（无螯，体色基本为红色，图 14-28）和美洲螯龙虾 *Homarus americanus*（又称为波士顿龙虾，有螯，色深，体有紫色，图 14-29）。

图 14-28　澳洲龙虾 *Cherax quadricarinatus*

图 14-29　美洲螯龙虾
Homarus americanus

铠甲虾

识别要点：铠甲虾（真软甲亚纲、十足目、异尾类 Anomura 铠甲虾总科 Galatheoidea）体虾型，头胸甲平扁，有明显的额角，腹部较长，对称，卷曲于头胸甲下，如柯氏潜铠虾 *Shinkaia crosnieri*（图 14-30，螯足粗壮、多刺）。

蝉蟹

蝉蟹（蝉蟹科 Hippidae）的头胸甲长大开宽，腹部对称，触角短小，如太平洋蝉蟹 *Hippa pacifica*（图 14-31，2～4 cm 长，第一对步脚较长，第 2、3 对步脚特化成扁平状，以利掘沙，可迅速地掘沙躲藏，第 5 对步脚退化）。

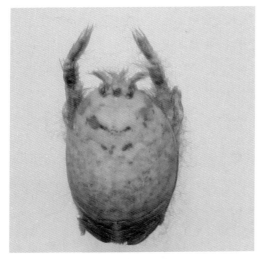

图 14-30　柯氏潜铠虾 *Shinkaia crosnieri*

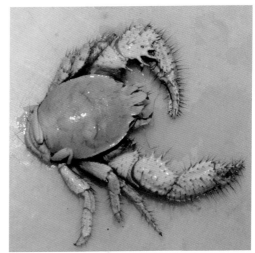

图 14-31　太平洋蝉蟹 *Hippa pacifica*

寄居蟹

寄居蟹（真软甲亚纲、十足目、异尾类、寄居蟹总科 Paguroidea）体虾型，头胸甲较长，有额角，腹部较长，不对称，卷曲于寄居的螺壳内，如艾氏活额寄居蟹 *Diogenes edwardsii*（体灰褐色，有深色条纹，额角能活动，图 14-32A）和另一种寄居蟹 *Pagurus* sp.（体红褐色，有条纹，额角不能活动，图 14-32B）。

图 14-32　两种寄居蟹示例

A：艾氏活额寄居蟹 *Diogenes edwardsii*；B：寄居蟹属一种 *Pagurus* sp.

真蟹类（真软甲亚纲 Eumalacostraca 十足目 Decapodae 短尾下目 Brachyura）身体背腹扁平、腹部短小而头胸部发达，腹部紧贴于头胸甲下，在水底爬行生活，足为爬行足（爪尖锐），复眼具柄，螯足往往发达。有些种类又次生性地朝游泳或潜沙的方向发展，足演化为桨状，如蟳；而另有一些种类朝旱生的方向发展，对水的依赖减少，如招潮蟹。

蜘蛛蟹

蜘蛛蟹（蜘蛛蟹科 Majidae）头胸甲长度明显大于宽度，呈三角形或尖圆形，5 对步足粗细差别不大，往往较长，似蜘蛛足，如较小的单角蟹 *Menaethius monoceros*（图 14-33）和较大的日本蜘蛛蟹 *Maja japonica*（图 14-34）。

关公蟹

关公蟹（关公蟹科 Dorippidae）的头胸甲近梯形，长略大于宽；末二步足背位，小而退化，腹部未完全藏于头胸甲下，头胸甲表面具明显缝而使其呈人脸状，如

中华关公蟹 *Dorippe sinica*（图 14-35A，头胸甲表面刺突多），日本关公蟹 *Dorippe japonica*（图 14-35B，头胸甲表面无明显刺突）以及四齿关公蟹 *Dorippe quadridens*（图 14-35C，头胸甲表面有四个明显刺突）。

图 14-33　单角蟹 *Menaethius monoceros*

图 14-34　日本蜘蛛蟹 *Maja japonica*

图 14-35　三种关公蟹示例

A：中华关公蟹 *Dorippe sinica*；B：日本关公蟹 *Dorippe japonica*；C：四齿关公蟹 *Dorippe quadridens*

扇蟹

扇蟹（扇蟹科 Xanthidae）的头胸甲一般宽大于长，略呈扇形，有时近六角形或圆方形；后 2 对步足背位。如光手滑面蟹 *Etisus laevimanus*（图 14-36，头胸甲表面粗糙）。

馒头蟹

识别要点：馒头蟹（馒头蟹科 Calappidae）形状多变但基本不呈方形，9 对鳃，步足不移位，第 2 触角小，如盾形馒头蟹 *Calappa clypeata*（个体只有 2～4cm，头胸甲馒

图 14-36　光手滑面蟹 *Etisus laevimanus*

头形，图 14-37），中华虎头蟹 *Orithyia sinica*（头胸甲近长圆形，具明显的斑点，馒头大，第 4 步足桨状，图 14-38）。

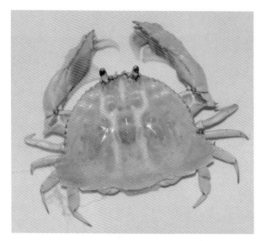

图 14-37　盾形馒头蟹 *Calappa clypeata*

图 14-38　中华虎头蟹 *Orithyia sinica*

图 14-39　豆形拳蟹 *Philyra pisum*

玉蟹

玉蟹（玉蟹科 Leucosiidae）与馒头蟹类似，但鳃少于 9 对，如豆形拳蟹 *Philyra pisum*（图 14-39）。

方蟹（方蟹科 Grapsidae）的头胸甲基本呈方形，额缘平直宽大，眼柄较短。常见的有绒毛近方蟹 *Hemigrapsus penicillatus*（图 14-40，螯足具毛），肉球近方蟹 *Hemigrapsus sanguineus*（图 14-41A，螯足内有肉球），红螯相手蟹 *Sesarma haematocheir*（图 14-41B），天津厚蟹 *Helice tridens*（图 14-41C），中华绒螯蟹 *Eriocheir sinensis*（图 14-41D）等。

图 14-40　绒毛近方蟹 *Hemigrapsus penicillatus*
A：背面观；B：腹面观

图 14-41　四种方蟹示例

A：肉球近方蟹 *Hemigrapsus sanguineus*；B：红螯相手蟹 *Sesarma haematocheir*；
C：天津厚蟹 *Helice tridens*；D：中华绒螯蟹 *Eriocheir sinensis*

大眼蟹

　　大眼蟹（大眼蟹科 Macroph-
thalmidae）的头胸甲宽度远大于长
度，前半部较后半部宽，步足细
长适于行走，眼柄细长，如日本
大眼蟹 *Macrophthalmus japonicus*
（头胸甲表面具颗粒状的突起和软
毛；身体为褐绿色，腹面及螯足
为棕黄色，图 14-42）。

图 14-42　日本大眼蟹 *Macrophthalmus japonicus*

毛带蟹

　　识别要点：毛带蟹（毛带蟹科 Dotillidae）为小型蟹类，头胸甲往往只有 1cm 左右
或更小，呈球形，眼柄较长，如韦氏毛带蟹 *Dotilla wichmanni*（图 14-43A），长趾股窗蟹
Scopimera longidactyla（步足腿节具鼓膜状窗口，图 14-43B ～ D）。

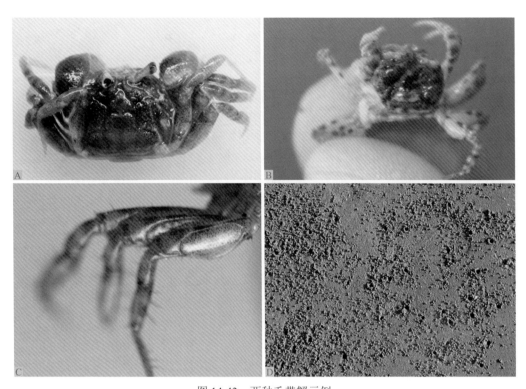

图 14-43　两种毛带蟹示例

A：韦氏毛带蟹 *Dotilla wichmanni*；B：长趾股窗蟹 *Scopimera longidactyla*；
C：长趾股窗蟹腿节上的鼓窗；D：长趾股窗蟹在沙地上打的洞和沙球

沙蟹

沙蟹（沙蟹科 Ocypodidae）的头胸甲大都呈方形或横长方形，有的呈圆球形或方圆形；额窄，常弯向下方，眼窝深而大；善于在沙地奔跑。如弧边招潮蟹 *Uca arcuata*（图 14-44）。

图 14-44　弧边招潮蟹 *Uca arcuata*（左雄右雌）

梭子蟹

梭子蟹（梭子蟹科 Portunidae）的头胸甲宽度一般大于长度，额突退化或缺如；最后一对足为游泳足。如环纹蟳 *Charybdis annulata*、日本蟳 *Charybdis japonica*、锈斑蟳 *Charybdis feriatus*、三疣梭子蟹 *Portunus trituberculatus*、红星梭子蟹 *Portunus sanguinolentus*、远海梭子蟹 *Portunus pelagicus*、达氏短桨蟹 *Thalamita danae* 等（图14-45）。

图 14-45　几种梭子蟹示例

A：环纹蟳 *Charybdis annulata*；B：日本蟳 *Charybdis japonica*；C：锈斑蟳 *Charybdis feriatus*；D：三疣梭子蟹 *Portunus trituberculatus*；E：红星梭子蟹 *Portunus sanguinolentus*；F：远海梭子蟹 *Portunus pelagicus*；G：达氏短桨蟹 *Thalamita danae*

黎明蟹

黎明蟹（黎明蟹科 Matutidae）与梭子蟹较像，但所有步足都呈扁平桨状，头胸甲侧面各具一壮刺，如红线黎明蟹 *Matuta planipes*（体斑驳，具紫色斑点和条纹，图 14-46A），胜利黎明蟹 *Matuta victor*（体斑驳，棕红与黄色相间，紫色斑点较小，图 14-46B），红点月神蟹 *Ashtoret lunaris*（斑点小而密，无明显条纹，图 14-46C）等。

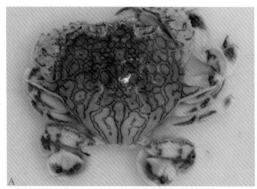

图 14-46　几种黎明蟹示例

A：红线黎明蟹 *Matuta planipes*；B：胜利黎明蟹 *Matuta victor*；C：红点月神蟹 *Ashtoret lunaris*

2 指导性观察项目

（1）观察鲨的书鳃结构，并比较它与虾蟹类鳃的异同。

（2）观察龙虾的身体结构，它们可以被看作是虾与蟹的结合体或中间过渡类型吗？说说理由。

（3）用附肢形态来区分不会游泳的蟹与会游泳的蟹。

（4）寄居蟹可以算是有虾的身体、蟹的生活方式吗？说说理由。

（5）如果蟹是体内受精的，它们如何克服硬壳的限制？

（6）比较不同虾蟹类头胸甲的形态，推测其形成的可能过程。

（7）甲壳动物有扁平的、侧偏的，有会游泳的、不会游泳的，想想为什么？

（8）采集并解剖几只藤壶，比较它们的身体结构与介形虾的差异。

（9）将黎明蟹放在海水中，观察它们的游泳动作和能力。

（10）将长趾股窗蟹放在沙滩上，观察并拍摄它们的打洞过程。

第 *15* 章

触手冠动物

触手冠动物（Lophophorates）是海洋中的"定居者"，它们用外骨骼或贝壳固着于底质上，用口周围的由许多触手组成的触手冠来滤食海水中的颗粒状有机物。形态上，它们类似于贝壳或是有外骨骼的海葵或放大了的珊瑚虫，但它们的内部构造不同，发育方式也不一致。

 代表性种类

（1）苔藓动物

苔藓动物（苔藓动物门 Bryozoa）是具真体腔、固着生活、像珊瑚或苔藓植物的动物。每个苔藓动物个体（可称其为苔藓虫）很小，肉眼看不清。每个苔藓虫都像一个小海葵(但海葵无体腔)，头部具一个触手冠(类似于过生日时我们戴的纸质生日帽，或像反向的领圈)，触手冠上有许多触手，触手冠的中央为口。由于触手及其上纤毛的不断摆动，引导水流经触手过滤后进口。在海边我们只能看到苔藓动物的外骨骼。它们有如草枝的拟眼尼苔虫 *Nellia oculata*（图 15-1），如白菜的大室棘苔虫 *Biflustra grandicella*（图 15-2）等。

（2）腕足动物

腕足动物（腕足动物门 Brachiopoda）很像贝类，是底栖的、有骨质外壳、身体柔软的动物。然而，与贝类不同的是，它们的壳顶处有一开口，从此处伸出一肉质柄，用它黏固于底质上。另外，它们口的前部也有触手冠。常见的腕足动物有左右贝壳不对称、贝壳依靠彼此的齿槽铰合连接、肉质柄短小的酸浆贯壳贝 *Terebratella coreanica*（图 15-3）以及左右贝壳对称、贝壳由肌肉连接、肉质柄较长的鸭嘴海豆芽 *Lingula anatina*（图 15-4）和大海豆芽 *Lingula murphiana*（图 15-5）等。

图 15-1　拟眼尼苔虫 *Nellia oculata*

图 15-2　大室棘苔虫 *Biflustra grandicella*

图 15-3　酸浆贯壳贝 *Terebratella coreanica*

A：背面观；B：腹面观

（3）帚虫

帚虫（帚虫动物门 Phoronida）也是海洋底栖的、有触手冠的动物。它们的形态像扫帚：一头有明显的触手冠，身体细长。生活在自身分泌的几丁质管中，如帚虫 *Phoronis* sp.（图 15-6）。

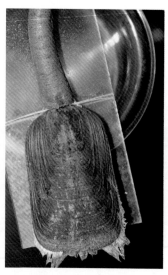

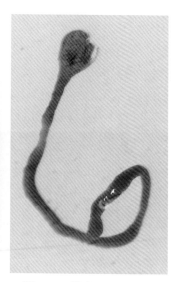

图 15-4　鸭嘴海豆芽　　　　　图 15-5　大海豆芽　　　　　图 15-6　帚虫 *Phoronis* sp.
Lingula anatina　　　　　　　*Lingula murphiana*

2 指导性观察项目

（1）比较帚虫的触手与海葵的触手的异同。

（2）比较海豆芽与贝类的异同。

（3）思考为什么珊瑚、苔藓动物甚至海绵动物、沙蚕等都有类似的外骨骼或巢？

（4）比较酸浆贝与贝类的形态差异。

（5）试比较帚虫与角贝的差异。

第*16*章

棘皮动物

棘皮动物（棘皮动物门 Echinodermata）的胚胎在发育过程形成的初始原口发育成肛门，而在与原口相反的方向又形成一后口发育为口。后口的形成是胚胎发育以及生物演化中较为重要、复杂的突破，但与脊索动物（也是后口动物，如鱼、鸟）相比它们又缺乏内部骨骼的支撑，故这些动物的形态较为独特。海洋中棘皮动物种类不少，常见的有海参、海胆、海星等。

棘皮动物十分独特，它们的身体多呈五辐射对称（似乎是由 5 个相似的部分组成的），表面粗糙，甚至有许多刺突或棘突，形态各异。在海水三维环境中，棘皮动物可以纵向或横向发展，形成了多样的种类。

 代表性种类

（1）海参

识别要点：海参（海参纲 Holothuroidea）像大号的蛞蝓，左右对称，身体柔软（因体内的钙质骨骼十分细小）；长条形，口在前端、肛门在身体后端；表面有许多疣状突起，但有些类群身体光滑。常见的有刺参 *Stichopus japonicus*（图 16-1，体长在 10cm 以上，柱状，身体表面突起较大而明显），梅花参 *Thelenota ananas*（图 16-2，大型，柱状，体长在 20cm 以上，身体表面突起多而密）。

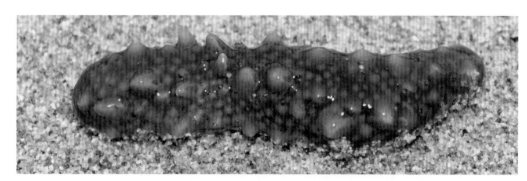

图 16-1 刺参 *Stichopus japonicus*

图 16-2 梅花参 *Thelenota ananas*

有些海参体表的突起较小，形态更加不规则，如囊皮瓜参 *Stolus buccalis*（图 16-3，瓜形，口端触手明显），指状凤参 *Vaneyella dactylica*（图 16-4，纺锤形，指尖大小）。

图 16-3 囊皮瓜参
Stolus buccalis

图 16-4 指状凤参 *Vaneyella dactylica*

海参中的另外一些类群，体表的突起完全消失。常见的有海棒槌（海老鼠）*Paracaudina chilensis*（图 16-5，身体后端细长）、白肛海地瓜 *Acaudina leucoprocta*（图 16-6，纺锤形）和海地瓜 *Acaudina molpadioides*（图 16-7，球形）。

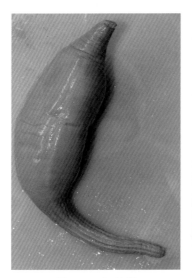

图 16-5　海棒槌
Paracaudina chilensis

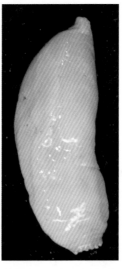

图 16-6　白肛海地瓜
Acaudina leucoprocta

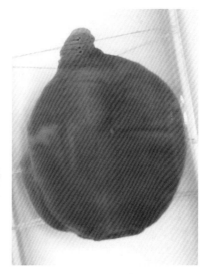

图 16-7　海地瓜
Acaudina molpadioides

（2）海胆

识别要点：海胆（海胆纲 Echinoidea）似变化了的海参：如果将海参的身体前后缩短成近球形且口在下、肛门朝上，就形成了类似于海胆的体制。海胆近球形，表面的刺多样，但往往较长而明显，可移动行走。常见的有绿海胆 *Strongylocentrotus droebachiensis*（图 16-8）、马粪海胆 *Hemicentrotus pulcherrimus*（图 16-9）、芮氏刻肋海胆 *Temnopleurus reevesi*（图 16-10）等。

图 16-8　绿海胆 *Strongylocentrotus droebachiensis*

有些海胆的刺长而粗大，身体显得反而较小，如斑腔海胆 *Coelopleurus maculatus*（图 16-11）、花角头帕海胆 *Goniocidaris florigera*（图 16-12）、冠棘真头帕海胆 *Eucidaris metularia*（图 16-13）。

图 16-9　马粪海胆
Hemicentrotus pulcherrimus

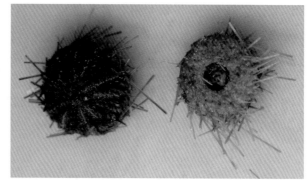

图 16-10　芮氏刻肋海胆 *Temnopleurus reevesi*

图 16-11　斑腔海胆
Coelopleurus maculatus

图 16-12　花角头帕海胆
Goniocidaris florigera

图 16-13　冠棘真头帕海胆
Eucidaris metularia

图 16-14　扁平蛛网海胆 *Arachnoides placenta*

更有些海胆身体变得十分扁平，体表的刺突缩小，如扁平蛛网海胆 *Arachnoides placenta*（图 16-14）。

（3）海星

识别要点：海星（海星纲 Asteroidea）像扁平化了海胆（就如上述的扁平蛛网海胆再生长出腕）。它们的身体较扁平，口在下方、肛门在背方；身体（体盘）具明显的腕，且腕与体盘之间的分界不明显、不突然。腕的数目往往是 5 的倍数。常见的有海燕 *Asterina pectinifera*（图 16-15，腕短，五角星状），多棘海盘车 *Asterias amurensis*（图 16-16，腕明显，体表常鲜艳），瘤海星 *Protoreaster* sp.（图 16-17，体表具大而明显的瘤突）。

一些海星的腕数增加到 5 的两倍或三倍左右，似乎像五边形身体的每边都长出 2 或 3 根腕，如轮海星 *Crossaster papposus*（图 16-18，腕 19 ~ 21 个，大型），葵花海星 *Pycnopodia* sp.（图 16-19，腕 15 个左右）。

图 16-15　海燕 *Asterina pectinifera*
A：生活时状态；B：背面观；C：腹面观

图 16-16　多棘海盘车 *Asterias amurensis*

图 16-17　瘤海星 *Protoreaster* sp.

　　还有些海星的体盘（身体中心）变小，腕相对较长，有些甚至似乎没有体盘，如鸡爪海星 *Henricia leviuscula*（图 16-20）。

图 16-18　轮海星
Crossaster papposus

图 16-19　葵花海星
Pycnopodia sp.

图 16-20　鸡爪海星
Henricia leviuscula

（4）蛇尾

识别要点：蛇尾（蛇尾纲 Ophiuroidea）与海星相似，但腕较长，且腕与体盘之间的分界很明显。如果说海星的腕是体盘的延伸，而蛇尾的腕像是从体盘长出的或伸出的。其腕可长可短，上具突出或无，形态多样，如海南盖蛇尾 *Stegophiura hainanensis*（图 16-21）、刺蛇尾 *Ophiothrix fragilis*（图 16-22）、日本倍棘蛇尾 *Amphioplus japonicus*（图 16-23）、滩栖阳遂足 *Amphiura vadicola*（图 16-24）。

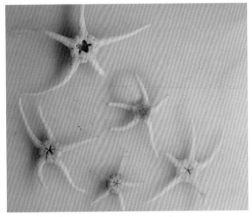

图 16-21　海南盖蛇尾 *Stegophiura hainanensis*

图 16-22　刺蛇尾 *Ophiothrix fragilis*

图 16-23　日本倍棘蛇尾
Amphioplus japonicus

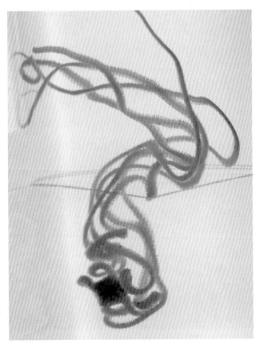

图 16-24　滩栖阳遂足
Amphiura vadicola

（5）海百合

识别要点：海百合（海百合纲 Crinoidea）是固着生活（海羊齿幼体也是如此）的棘皮动物。故它们的口不似海胆、海星那样的向下，而是向上；以柄固着于底上，口和肛门都开口于身体前端。口部具冠，柄上长有羽毛状的分支，如海羊齿 *Antedon* sp.（图 16-25）、大海羊齿 *Liparometra grandis*（图 16-26）、间后海百合 *Metacrinus interruptus*（图 16-27）、正后海百合 *Metacrinus rotundus*（图 16-28）等。

图 16-25　海羊齿 *Antedon* sp.

图 16-26　大海羊齿 *Liparometra grandis*

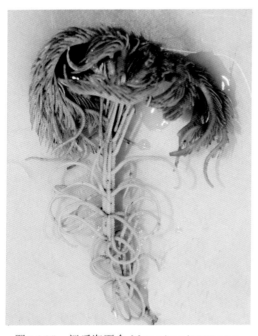

图 16-27　间后海百合 *Metacrinus interruptus*

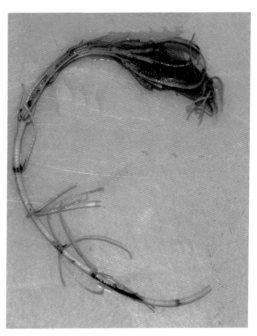

图 16-28　正后海百合 *Metacrinus rotundus*

2 指导性观察项目

（1）比较不同的海参，想象一下它们可能的演化过程。

（2）比较海星与蛇尾的区别与联系。

（3）观察并分析海百合的口为什么要朝上？

（4）用火烤海星或海胆，观察它们的骨骼形态。

（5）比较或实际观察轮海星或葵花海星与海盘车的区别与联系。

第*17*章

箭 虫

箭虫（毛颚动物门 Chaetognatha）很小，只有 3 ～ 4cm 或更小，外形似箭，或像扁扁的小沙蚕：头部有刚毛，身体边缘具鳍状膜，后口等，形态较为独特，如箭虫属一种 *Sagitta* sp.（图 17-1）。

图 17-1　箭虫属一种 *Sagitta* sp. 的形态

第18章
原始脊索动物

　　脊索动物（脊索动物门 Chordata）在背神经管下方、消化道上方具一支持身体的结构——脊索，在高等动物其演化为脊柱（由多个脊椎构成）。这一革命性的演化突破，造就了地球上和海洋中多样的脊椎动物，也可能大大压缩了低等脊索动物的生存空间，故它们的种类不多，形态独特，十分容易识别。

1 代表性种类

（1）半索动物

　　识别要点：半索动物（半索动物门 Hemichordata）似蚯蚓或沙蚕，蠕虫状，但明显更细长；身体分为头、颈和躯干三部分，如黄岛长吻虫 *Saccoglossus hwangtauensis*（吻较显明，图18-1），多鳃孔舌形虫 *Glossobalanus polybranchioporus*（吻小，图18-2）。

（2）尾索动物

　　识别要点：尾索动物（尾索动物门 Urochordata）像水母或珊瑚，但具有明显的进水口与出水口。它们的幼体在发育过程中会在尾部出现脊索，如柄海鞘 *Styela clava*（体不透明，有明显的柄，固着在底质上，图18-3），玻璃海鞘 *Ciona intestinalis*（体透明，图18-4）等。

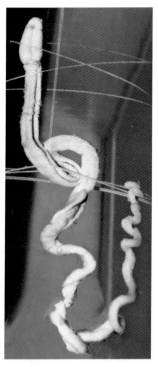

图 18-1　黄岛长吻虫
Saccoglossus hwangtauensis

图 18-2　多鳃孔舌形虫 *Glossobalanus polybranchioporus*

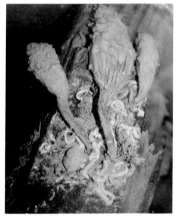

图 18-3　柄海鞘 *Styela clava*

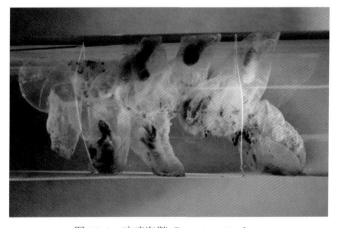

图 18-4　玻璃海鞘 *Ciona intestinalis*

（3）头索动物

识别要点：头索动物（头索动物门 Cephalochordata）形似小鱼但无明显的头部，身体透明；口端有须；终生具有脊索，如白氏文昌鱼 *Branchiostoma belcheri*（通体白色，体长 10cm 左右，图 18-5）。

图 18-5　白氏文昌鱼 *Branchiostoma belcheri*

（4）无颌动物

识别要点：无颌动物（无颌类 Agnatha 或圆口纲 Cyclostomata）的外形和体制与常见的鱼类十分接近，但 6～7 个鳃孔直接开口于体外；口吸盘状，无上下颌，不能咀嚼或撕咬，只能吮吸，如日本七鳃鳗 *Lampetra japonicus*（图 18-6，眼明显，鳃孔7 个）和布氏黏盲鳗 *Eptatretus burgeri*（图 18-7，眼小，吻有须，鳃孔 6 个，身体表面能分泌黏液）。

图 18-6　日本七鳃鳗 *Lampetra japonicus*（邱爽 提供）

图 18-7　布氏黏盲鳗 *Eptatretus burgeri*
（引自台湾鱼类资料库）

2 指导性观察项目

（1）比较七鳃鳗与鳗鱼的形态相异性。

（2）观察文昌鱼的形态特点。

（3）用有颜色的液体饲养海鞘并观察它们的滤食过程。

（4）比较文昌鱼、七鳃鳗和鲫鱼鳃的形态。

（5）比较七鳃鳗与鲫鱼鳍的形态。

第*19*章
鱼 类

海洋是鱼类（鱼纲 Pisces）的天堂，蕴藏着丰富的鱼类资源，它们种类繁多，形态多样，体型不一。也许鱼最初就起源于海洋且环境较为均一稳定，并且海水可以提供浮力，可以使鱼类朝各个方向演化，故海洋中包含了大多数的鱼类。然而由于鱼类具有的外部特征较少，故识别鱼类主要依靠较细微的特征，如鳞片的类型、多少、鳍条的类型、有无骨骼以及骨骼的类型等，对一般的初学者有很大的挑战，认识具体的物种十分困难。常见种类主要以吻部有无须、背鳍、胸鳍、腹鳍、臀鳍的形态、位置与数量等来区分。

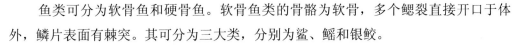

1 代表性种类

鱼类可分为软骨鱼和硬骨鱼。软骨鱼类的骨骼为软骨，多个鳃裂直接开口于体外，鳞片表面有棘突。其可分为三大类，分别为鲨、鳐和银鲛。

鲨鱼（鲨总目 Selachomorpha）身体梭形，鳃裂位于咽部两侧，背鳍背位，胸鳍较小，有时无臀鳍，尾为歪尾型。

（1）六鳃鲨

识别要点：六鳃鲨（六鳃鲨目 Hexanchiformes）鳃裂 6～7 个，头部较钝圆，背鳍 1 个，如扁头哈那鲨 *Notorhynchus platycephalus*（鳃裂 7 枚，体背有黑色小斑点，图 19-1）。

（2）须鲨

识别要点：须鲨（须鲨目 Orectolobiformes）的头部往往有须，背鳍 2 个，第 1
背鳍与腹鳍相对或位于其后；最后 2 ～ 4 对鳃裂位于胸鳍上方，如豹纹鲨 *Stegostoma fasciatum*（体黄色，有黑褐色斑点，尾狭长，图 19-2），鲸鲨 *Rhincodon typus*（体庞大，背部蓝色，有似光斑的浅色斑，图 19-3）。

图 19-1　扁头哈那鲨 *Notorhynchus platycephalus*

图 19-2　豹纹鲨 *Stegostoma fasciatum*

图 19-3　鲸鲨 *Rhincodon typus*

（3）真鲨

识别要点：真鲨（真鲨目 Carcharhiniformes）眼有瞬膜，背鳍 2 个，有臀鳍，如皱唇鲨 *Triakis scyllium*（体有宽黑纹，图 19-4），三齿鲨 *Triaenodon obesus*（鳍尖白色，图 19-5），乌翅真鲨 *Carcharhinus melanopterus*（翅尖有黑斑，图 19-6），锤头双髻鲨 *Sphyrna zygaena*（头向侧方延伸，图 19-7）。

图 19-4　皱唇鲨 *Triakis scyllium*

图 19-5　三齿鲨 *Triaenodon obesus*

图 19-6　乌翅真鲨 *Carcharhinus melanopterus*

图 19-7　锤头双髻鲨 *Sphyrna zygaena*

（4）角鲨

识别要点：角鲨（角鲨目 Squaliformes）鳃裂 5 个，背鳍 2 个，无臀鳍，如法氏角鲨 *Squalus suckleyi*（唇尖、鳍前缘白色，图 19-8）。

图 19-8　法氏角鲨 *Squalus suckleyi*

（5）扁鲨

扁鲨（扁鲨目 Squatiniformes）身体平扁，胸鳍、腹鳍扩大，彼此接近；背鳍 2 个，位于尾部上方，如日本扁鲨 *Squatina japonica*（图 19-9）。

图 19-9　日本扁鲨 *Squatina japonica*

鳐鱼（鳐总目 Ratoidei）身体扁平，鳃孔腹位；胸鳍前部与头侧相连；背鳍常位于尾上；无臀鳍；尾鳍或有或无。

（6）鳐

识别要点：鳐（鳐形目 Rajiformes）的吻圆钝或突出，侧缘无吻齿；胸鳍扩大，尾粗大，如圆犁头鳐 *Rhina ancylostoma*（身体与鲨鱼类似但头部扁平，图 19-10），广东长吻鳐 *Dipturus kwangtungensis*（全身扁平，图 19-11）。

图 19-10　圆犁头鳐 *Rhina ancylostoma*

图 19-11　广东长吻鳐
Dipturus kwangtungensis
（引自台湾鱼类资料库）

（7）鲼

识别要点：鲼（鲼形目 Myliobatiformes）的胸鳍往前延伸到达吻端，或前部分化为吻鳍或头鳍；尾细长，如黄魟 *Dasyatis bennetti*（体黄色，图 19-12A），纳氏鹞鲼 *Aetobatus narinari*（体大，尾细长，图 19-12B），豹江魟 *Potamotrygon leopoldi*（体蓝黑色，有浅色圆形斑点，图 19-12C）等。

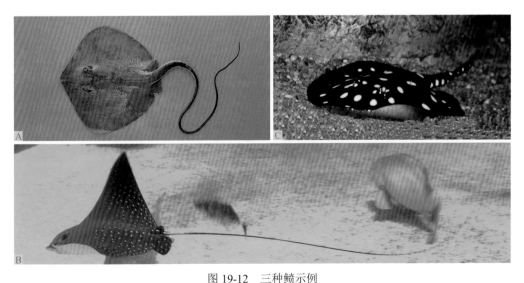

图 19-12　三种鲼示例
A：黄魟 *Dasyatis bennetti*；B：纳氏鹞鲼 *Aetobatus narinari*；C：豹江魟 *Potamotrygon leopoldi*

图 19-13 黑线银鲛 *Chimaera phantasma*
（引自台湾鱼类资料库）

（8）银鲛

识别要点：银鲛（全头亚纲 Holocephali 银鲛目 Chimaeriformes）上颌与脑颅愈合，头大而侧扁，尾细，体表光滑，如黑线银鲛 *Chimaera phantasma*（图 19-13）。

硬骨鱼的骨骼大多由硬骨组成，鼻孔位于吻的背面；鳃间隔退化；鳃裂 4 对，由鳃盖保护后统一开口于体外；大多为正型尾。

（9）鲟鱼

识别要点：鲟鱼（鲟形目 Acipenseriformes）吻长，体或尾被纵向骨板状硬鳞；歪尾型；骨骼多为软骨；背鳍 1 个；口下有须，如中华鲟 *Acipenser sinensis*（身体较细长，吻端逐渐变细，图 19-14）。

图 19-14 中华鲟 *Acipenser sinensis*

（10）海鲢

识别要点：海鲢（海鲢目 Elopiformes）体表鳞片圆形，背鳍单个无分化，腹鳍腹位，如大眼海鲢 *Elops machnata*（图 19-15）和大海鲢 *Megalops cyprinoids*（图 19-16）。

图 19-15 大眼海鲢 *Elops machnata*
（引自台湾鱼类资料库）

图 19-16 大海鲢 *Megalops cyprinoids*
（引自台湾鱼类资料库）

（11）海鳗

海鳗（鳗鲡目 Anguilliformes）除尾外，身体为圆筒状，无腹鳍，背鳍、臀鳍与尾鳍连接在一起，各鳍都柔软无棘，常无鳞，如日本鳗鲡 *Anguilla japonica*（图 19-17A）、山口海鳗 *Muraenesox yamaguchiensis*（图 19-17B）、鞍斑裸胸鳝 *Gymnothorax petelli*（图 19-17C）、尖齿泽鳝 *Enchelycore anatina*（图 19-17D）、狼鳗 *Anarrhichthys ocellatus*（图 19-17E）等。

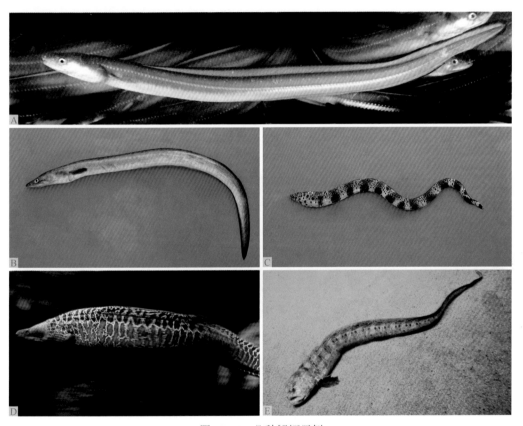

图 19-17　几种鳗鲡示例

A：日本鳗鲡 *Anguilla japonica*；B：山口海鳗 *Muraenesox yamaguchiensis*；C：鞍斑裸胸鳝 *Gymnothorax petelli*；
D：尖齿泽鳝 *Enchelycore anatina*；E：狼鳗 *Anarrhichthys ocellatus*

（12）鲱鱼

识别要点：鲱鱼（鲱形目 Clupeiformes）体表具圆形鳞片，无侧线，背鳍单个，胸鳍接近腹缘，腹鳍腹位，臀鳍延长；各鳍都无棘，如裘氏小沙丁鱼 *Sardinella jussieui*（图 19-18A）、鳓鱼 *Ilisha elongata*（图 19-18B）、刀鲚 *Coilia nasus*（图 19-18C）等。

图 19-18 三种鲱鱼示例
A：裘氏小沙丁鱼 *Sardinella jussieui*；B：鳓鱼 *Ilisha elongata*；C：刀鲚 *Coilia nasus*

（13）胡瓜鱼

识别要点：胡瓜鱼（胡瓜鱼目 Osmeriformes）的背鳍、臀鳍无真正的鳍棘，通常具脂鳍（背部靠近尾的小鳍），如大银鱼 *Protosalanx hyalocranius*（图 19-19）。

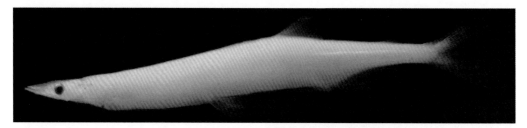

图 19-19 大银鱼 *Protosalanx hyalocranius*（邱爽提供）

（14）鼠䲁

识别要点：鼠䲁（鼠䲁目 Gonorhynchiformes）口小，两颌无牙，体被圆鳞或栉鳞，无脂鳍，如虱目鱼 *Chanos chanos*（图 19-20）。

图 19-20 虱目鱼 *Chanos chanos*
（引自台湾鱼类资料库）

（15）鲇鱼

识别要点：鲇鱼（鲇形目 Siluriformes）口部具须 1～4 对，口较大，内有齿；胸鳍下降到近腹部，第 1 背鳍与胸鳍都有一较强壮的骨质鳍棘，如中华海鲇 *Arius sinensis*（图 19-21）。

图 19-21　中华海鲇 *Arius sinensis*

（16）鲑鱼

识别要点：鲑鱼（鲑形目 Salmoniformes）的背鳍后又有一小鳍（脂鳍），颌具齿；背鳍与腹鳍位置基本相对，如大麻哈鱼（红鲑）*Oncorhynchus keta*（北美洲洄游性鱼类，图 19-22）。

图 19-22　大麻哈鱼 *Oncorhynchus keta*

（17）仙女鱼

识别要点：仙女鱼（仙女鱼目 Aulopiformes）上颌不能伸缩，腹鳍腹位，通常具脂鳍，如长蛇鲻 *Saurida elongata*（图 19-23A）、大头狗母鱼 *Trachinocephalus myops*（图 19-23B）。

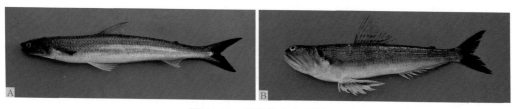

图 19-23 两种仙女鱼示例

A：长蛇鲻 *Saurida elongata*；B：大头狗母鱼 *Trachinocephalus myops*

（18）灯笼鱼

识别要点：灯笼鱼（灯笼鱼目 Myctophiformes）口大，两颌、颚骨及舌上有能倒伏的尖齿；具脂鳍；鳍无棘；背鳍与腹鳍位置基本相对，如龙头鱼 *Harpadon nehereus*（图 19-24）。

图 19-24 龙头鱼 *Harpadon nehereus*

（19）鳕鱼

识别要点：鳕鱼（鳕形目 Gadiformes）体细长，背鳍与臀鳍都延长，背鳍 1~3 个，臀鳍 1~2 个；腹鳍位移到胸鳍下或更前，有鳍棘；体被圆鳞或皮肤裸露；颈部具 1 小须，如日本小褐鳕 *Physiculus japonicus*（图 19-25）。

图 19-25 日本小褐鳕 *Physiculus japonicus*
（引自台湾鱼类资料库）

（20）鳉鱼

识别要点：鳉鱼（鳉形目 Cyprinodontiformes）为小型鱼类，鳍无棘，背鳍一个，位于臀鳍上方；无侧线；尾大，如孔雀花鳉 *Poecilia reticulata*（图 19-26A、B），食蚊鱼 *Gambusia affinis*（鳍略小，肚大，图 19-26C）。

图 19-26　两种鳉鱼示例

A、B：孔雀花鳉 *Poecilia reticulata*（不同体色个体）；C：食蚊鱼 *Gambusia affinis*

（21）颌针鱼

识别要点：颌针鱼（颌针鱼目 Beloniformes）的鳍无棘，背鳍一个，与臀鳍相对；侧线位低，与腹缘平行。常见的有秋刀鱼 *Cololabis saira*（图 19-27A），日本下鱵鱼 *Hyporhamphus sajori*（上颌短，下颌前伸成针状，图 19-27B），大圆颌针鱼 *Tylosurus giganteus*（两颌均延长如针状，图 19-27C），阿戈须唇飞鱼 *Cheilopogon agoo*（图 19-27D）。

图 19-27　四种颌针鱼示例

A：秋刀鱼 *Cololabis saira*；B：日本下鱵鱼 *Hyporhamphus sajori*；C：大圆颌针鱼 *Tylosurus giganteus*；
D：阿戈须唇飞鱼 *Cheilopogon agoo*（引自台湾鱼类资料库）

（22）银汉鱼

识别要点：银汉鱼（银汉鱼目 Atheriniformes）背鳍2个，口可伸出，如吴氏下银汉鱼 *Hypoatherina woodwardi*（图19-28）。

图19-28　吴氏下银汉鱼 *Hypoatherina woodwardi*
（引自台湾鱼类资料库）

（23）鲻鱼

识别要点：鲻鱼（鲻形目 Mugiliformes）背鳍2个，前后分离，第一背鳍由鳍棘组成；腹鳍腹位或亚腹位，如鲻鱼 *Mugil cephalus*（图19-29A）、前鳞骨鲻 *Osteomugil ophuyseni*（图19-29B）。

图19-29　两种鲻鱼示例
A：鲻鱼 *Mugil cephalus*；B：前鳞骨鲻 *Osteomugil ophuyseni*

（24）海龙与海马

识别要点：海龙与海马（刺鱼目 Gasterosteiformes）体长，侧扁或呈管状，吻多呈管状，口小，背鳍1～2个，有时第一背鳍由游离的棘组成，如管口鱼 *Aulostomus* sp.（有尾鳍，体细长，图19-30A）、尖海龙 *Syngnathus acus*（有尾鳍，体细长，图19-30B）、膨腹海马 *Hippocampus abdominalis*（腹部较大，头与身体呈直角，图19-30C）、虎尾海马 *Hippocampus comes*（尾较粗壮，图19-30D）、吻海马 *Hippocampus reidi*（色鲜艳，吻粗壮，图19-30E）等。

图 19-30　几种海龙与海马示例

A：管口鱼 *Aulostomus* sp.；B：尖海龙 *Syngnathus acus*；C：膨腹海马 *Hippocampus abdominalis*；
D：虎尾海马 *Hippocampus comes*；E：吻海马 *Hippocampus reidi*

（25）鲉鱼

识别要点：鲉鱼（鲉形目 Scorpaeniformes）的鳃盖上往往有棘刺，身体扁平，腹鳍胸位或亚胸位，口大，背鳍有棘，如红鳍赤鲉 *Hypodytes rubripinnis*（图 19-31A），铠平鲉 *Sebastes hubbsi*（图 19-31B），蓑鲉（狮子鱼）*Pterois volitans*（图 19-31C），玫瑰毒鲉 *Synanceia verrucosa*（图 19-31D），绿鳍鱼 *Chelidonichthys kumu*（图 19-31E），琉球角鲂鮄 *Pterygotrigla ryukyuensis*（图 19-31F），长线六线鱼 *Hexagrammos lagocephalus*（图 19-31G），鲬鱼 *Platycephalus indicus*（图 19-31H）等。

图 19-31　几种鲉鱼示例

A：红鳍赤鲉 *Hypodytes rubripinnis*；B：铠平鲉 *Sebastes hubbsi*；C：蓑鲉 *Pterois volitans*；D：玫瑰毒鲉 *Synanceia verrucosa*；
E：绿鳍鱼 *Chelidonichthys kumu*；F：琉球角鲂鮄 *Pterygotrigla ryukyuensis*；G：长线六线鱼 *Hexagrammos lagocephalus*；
H：鲬鱼 *Platycephalus indicus*

（26）鲈鱼

识别要点：鲈鱼（鲈形目 Perciformes）腹鳍位于胸鳍下或更前，有鳍条 1～5 枚；背鳍分为两部分，可分开或连接，前一部分为鳍棘，后一部分为鳍条，并与臀鳍相对。

1）鲈鱼体长椭圆形，头扁口大，前鳃盖后缘具细齿，腹鳍位于胸鳍下方或略有出入，如日本花鲈（海鲈鱼）*Lateolabrax japonicas*（图 19-32）。

2）石鲈体呈椭圆形，侧扁；

图 19-32　日本花鲈 *Lateolabrax japonicas*

背鳍鳍棘强大，棘部与鳍条部有缺刻，腹鳍胸位，如大斑石鲈 *Pomadasys maculatus*（图 19-33A），斜带髭鲷 *Hapalogenys nitens*（图 19-33B）。

图 19-33 两种石鲈示例

A. 大斑石鲈 *Pomadasys maculatus*；B. 斜带髭鲷 *Hapalogenys nitens*

3）银鲈体呈卵圆形或稍有延长，体侧扁，口小唇薄，伸缩自如，背鳍与臀鳍基部均有鳞鞘，其鳍条可部分或全部放入鞘内，如日本十棘银鲈 *Gerreomorpha japonica*（图 19-34）等。

4）黄鱼（石首鱼）背鳍延长，鳍棘和软条部间有缺刻，臀鳍通常具 2 枚鳍棘，腹鳍胸位，如大黄鱼

图 19-34 日本十棘银鲈 *Gerreomorpha japonica*

Pseudosciaena crocea（图 19-35A），小黄鱼 *Pseudosciaena polyactis*（胸鳍较大黄鱼长，臀鳍后缘到尾的距离相对较短，图 19-35B），棘头梅童鱼 *Collichthys lucidus*（头明显大，图 19-35C），勒氏短须石首鱼 *Umbrina russelli*（体上有较大黑斑，图 19-35D），眼斑拟石首鱼（美国红鱼）*Sciaenops ocellatus*（体上有较大黑斑，图 19-35E）。

图 19-35　几种石首鱼示例

A：大黄鱼 *Pseudosciaena crocea*；B：小黄鱼 *Pseudosciaena polyactis*；C：棘头梅童鱼 *Collichthys lucidus*；
D：勒氏短须石首鱼 *Umbrina russelli*；E：眼斑拟石首鱼 *Sciaenops ocellatus*

5）笛鲷体呈纺锤形或长椭圆形，略侧扁，口较大，背鳍连续，棘部及软鳍条部间有一缺刻，胸鳍尖长，腹鳍胸位，如红笛鲷 *Lutjanus sanguineus*（图 19-36A），金焰笛鲷 *Lutjanus fulviflamma*（图 19-36B）。

图 19-36　两种笛鲷示例

A：红笛鲷 *Lutjanus sanguineus*；B：金焰笛鲷 *Lutjanus fulviflamma*

图 19-37　图丽鱼 *Astronotus ocellatus*

6）丽鱼体高而短，背鳍鳍棘发达，尾鳍截形，如图丽鱼 *Astronotus ocellatus*（图 19-37）。

7）鱚鱼体细长，略侧扁，两背鳍分离，尾鳍截形或略凹，如多鳞鱚 *Sillago sihama*（图 19-38A）、斑鱚 *Sillago maculata*（图 19-38B）。

图 19-38　两种鱚鱼示例

A：多鳞鱚 *Sillago sihama*；B：斑鱚 *Sillago maculata*

8）舒鱼体细长，头长而尖，口大具利齿，下颌较上颌突出；背鳍2个，分离较远，第2背鳍与臀鳍相对，如斑条舒 *Sphyraena jello*（图 19-39）。

图 19-39　斑条舒 *Sphyraena jello*

9）鲭鱼体呈纺锤形而稍侧扁，头锥形，口大；两背鳍分离较远，第1背鳍短，可折叠于背部的沟中，第2背鳍与臀鳍相对；尾深分叉，如日本鲐 *Scomber japonicus*（图 19-40）。

图 19-40　日本鲐 *Scomber japonicus*

10）绯鲤体呈纺缍形，头小，背部轮廓呈弧形隆起；口可伸缩；下颌部具有一对触须；背鳍两个，分离甚远；尾鳍为深叉形，如黑斑绯鲤 *Upeneus tragula*（图 19-41A）、摩鹿加绯鲤 *Upeneus moluccensis*（图 19-41B）、黄带绯鲤 *Upeneus sulphureus*（图 19-41C）。

图 19-41　三种绯鲤示例

A：黑斑绯鲤 *Upeneus tragula*；B：摩鹿加绯鲤 *Upeneus moluccensis*；C：黄带绯鲤 *Upeneus sulphureus*

11）鲅鱼体呈长纺锤形，两背鳍靠近；背鳍、臀鳍后又有小鳍数个；尾柄上下和左右都有小嵴，如（蓝点）马鲛 *Scomberomorus niphonius*（图 19-42）。

图 19-42　马鲛 *Scomberomorus niphonius*

12）石斑鱼体椭圆形，稍侧扁；背鳍和臀鳍棘发达，尾鳍圆形或凹形；体色变异甚多，如点带石斑鱼 *Epinephelus coioides*（图 19-43A）、青带石斑鱼 *Epinephelus awoara*（图 19-43B）。

图 19-43　两种石斑鱼示例

A：点带石斑鱼 *Epinephelus coioides*；B：青带石斑鱼 *Epinephelus awoara*

13）鲹鱼体侧扁，椭圆形或卵圆形；背鳍 2 枚，尾鳍深分叉，如蓝圆鲹 *Decapterus maruadsi*（图 19-44A）、青羽裸胸鲹 *Caranx coeruleopinnatus*（图 19-44B）、

斑鳍若鲹 *Caranx praeustus*（图 19-44C）、短吻丝鲹 *Alectis ciliaris*（图 19-44D）、狮鼻
鲳鲹 *Trachinotus blochii*（图 19-44E）等。

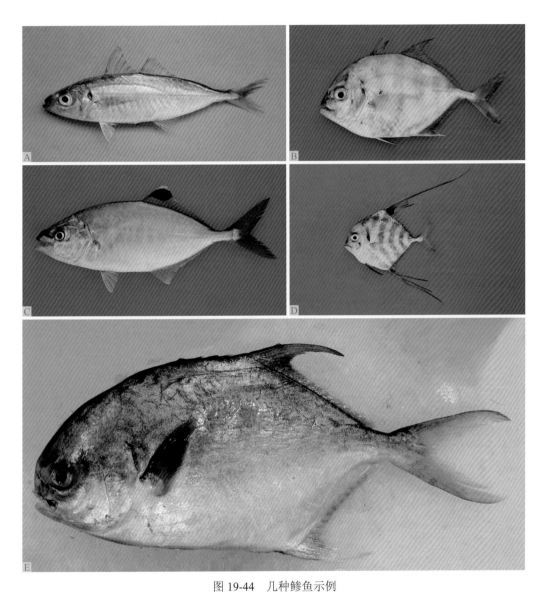

图 19-44　几种鲹鱼示例

A：蓝圆鲹 *Decapterus maruadsi*；B：青羽裸胸鲹 *Caranx coeruleopinnatus*；C：斑鳍若鲹 *Caranx praeustus*；
D：短吻丝鲹 *Alectis ciliaris*；E：狮鼻鲳鲹 *Trachinotus blochii*

14）鲷鱼身体呈椭圆或卵圆形，较侧扁；头大，前半部体较高，背缘弯曲，腹
缘较平；背鳍连续，如黄鳍鲷 *Sparus latus*（图 19-45A）、灰鳍鲷 *Sparus berda*（图 19-
45B）、黑鲷 *Sparus macrocephalus*（图 19-45C）、胡椒鲷 *Plectorhynchus pictus*（图 19-
45D）、真鲷 *Pagrosomus major*（图 19-45E）等。

图 19-45　几种鲷鱼示例

A：黄鳍鲷 *Sparus latus*；B：灰鳍鲷 *Sparus berda*；C：黑鲷 *Sparus macrocephalus*；
D：胡椒鲷 *Plectorhynchus pictus*；E：真鲷 *Pagrosomus major*

15）鲫鱼 *Echeneis naucrates* 身体圆柱形，头顶扁平呈吸盘状（图 19-46）。

图 19-46　鲫鱼 *Echeneis naucrates*

16）带鱼身体呈带状，极侧扁；背鳍与尾鳍合并，臀鳍也延伸至尾；胸鳍矮小，位低；腹鳍和尾鳍消失；体银白色，如高鳍带鱼 *Trichiurus lepturus*（图 19-47A，背鳍从头后起始，头较尖锐），小带鱼 *Eupleurogrammus muticus*（图 19-47B，头较狭长）。

图 19-47　两种带鱼示例

A：高鳍带鱼 *Trichiurus lepturus*；B：小带鱼 *Eupleurogrammus muticus*

17）鲳鱼身体极侧扁，吻圆钝，尾深分叉。常见的有银鲳 *Pampus argenteus*（图 19-48A，通体银白色），灰鲳 *Pampus cinereus*（图 19-48B，灰白过渡色），乌鲳 *Formio niger*（图 19-48C，灰黑色），斑点鸡笼鲳 *Drepane punctata*（图 19-48D，有斑点）等。

图 19-48　几种鲳鱼示例

A：银鲳 *Pampus argenteus*；B：灰鲳 *Pampus cinereus*；C：乌鲳 *Formio niger*；D：斑点鸡笼鲳 *Drepane punctata*

18）蝴蝶鱼身体十分侧扁，吻突出，常尖锐；臀鳍有三鳍棘；尾鳍后缘截形或圆凸，如丝蝴蝶鱼 *Chaetodon auriga*（图 19-49A）、月斑蝴蝶鱼 *Chaetodon lunula*（图 19-49B）、多棘马夫鱼 *Heniochus diphreutes*（图 19-49C）。

图 19-49　三种蝴蝶鱼示例

A：丝蝴蝶鱼 *Chaetodon auriga*；B：月斑蝴蝶鱼 *Chaetodon lunula*；C：多棘马夫鱼 *Heniochus diphreutes*

19）鰕虎鱼的身体大多呈长圆筒形，头钝，口大，背鳍 2 个；两腹鳍靠近，有时会愈合成吸盘，如髭缟鰕虎鱼 *Tridentiger barbatus*（图 19-50）。

图 19-50　髭缟鰕虎鱼 *Tridentiger barbatus*

A ～ C 分别为侧面观，背面观和腹面观

另有牙珠鰕虎鱼 *Acentrogobius caninus*（图 19-51A）、斑尾复鰕虎鱼 *Synechogobius ommaturus*（图 19-51B）、小头栉孔鰕虎鱼 *Ctenotrypauchen microcephalus*（图 19-51C）、弹涂鱼 *Periophthalmus modestus*（图 19-51D）等。

图 19-51 几种鰕虎鱼示例

A：牙珠鰕虎鱼 *Acentrogobius caninus*；B：斑尾复鰕虎鱼 *Synechogobius ommaturus*；
C：小头栉孔鰕虎鱼 *Ctenotrypauchen microcephalus*；D：弹涂鱼 *Periophthalmus modestus*

20）金枪鱼较大，身体粗壮，基本呈圆柱形，似鱼雷的流线形；尾柄细，尾鳍叉状或新月形；尾柄两侧有明显的棱脊，背、臀鳍后方各有一行小鳍，如长鳍金枪鱼 *Thunnus alalunga*（图 19-52）。

图 19-52 长鳍金枪鱼 *Thunnus alalunga*
（引自台湾鱼类资料库）

21）剑鱼 *Xiphias gladius* 与金枪鱼很像，但上颌长而尖，可占体长的 1/3，背部的鳍较小，嘴较扁平，无腹鳍（图 19-53）。

图 19-53 剑鱼 *Xiphias gladius*

22）旗鱼比剑鱼更扁平，背鳍更大而长，如雨伞旗鱼 *Istiophorus platypterus*（图 19-54）。

图 19-54　雨伞旗鱼 *Istiophorus platypterus*
（引自台湾鱼类资料库）

23）刺尾鱼呈卵圆形或长椭圆形，侧扁；尾柄细；口小，在身体最前端；尾柄上具硬棘，如黄尾副刺尾鱼 *Paracanthurus hepatus*（图 19-55A）、黑背鼻鱼 *Naso lituratus*（图 19-55B）。

图 19-55　两种刺尾鱼示例
A：黄尾副刺尾鱼 *Paracanthurus hepatus*；B：黑背鼻鱼 *Naso lituratus*

24）小丑鱼为小型的、与海葵共生的鱼类，身体上斑纹独特而明显，如海葵双锯鱼 *Amphiprion percula*（体有 3 条白横纹，图 19-56A）和黑斑小丑鱼 *Amphiprion melanopus*（图 19-56B）。

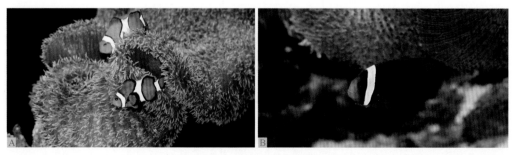

图 19-56　两种常见小丑鱼示例
A：海葵双锯鱼 *Amphiprion percula*；B：黑斑小丑鱼 *Amphiprion melanopus*

25）玉筋鱼 *Ammodytes personatus*（图 19-57）体细长，稍扁，手掌大小；背部青灰色，腹部白色；背鳍长，无腹鳍。

图 19-57　玉筋鱼 *Ammodytes personatus*

26）鳉鱼体色艳丽，身体扁平，鳍上棘刺长而明显，如弯棘鳉 *Callionymus curvicornis*（图 19-58）。

图 19-58　弯棘鳉 *Callionymus curvicornis*

27）金钱鱼体侧扁，背鳍有 1 向前倒棘，臀鳍有 4 鳍棘，如日本金钱鱼 *Nemipterus japonicus*（图 19-59A）、银鼓鱼 *Selenotoca multifasciata*（图 19-59B）。

图 19-59　两种金线鱼示例
A：日本金钱鱼 *Nemipterus japonicus*；B：银鼓鱼 *Selenotoca multifasciata*

28）鳚鱼身体延长，腹鳍小，背鳍、臀鳍延长，呈鳗形，如吉氏绵鳚 *Zoarces gilli*（图 19-60A）和日本眉鳚 *Chirolophis japonicus*（图 19-60B）。

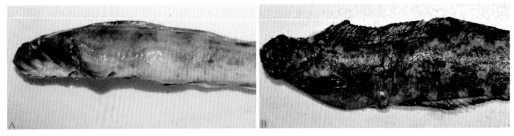

图 19-60　两种鳚鱼示例

A：吉氏绵鳚 *Zoarces gilli*；B：日本眉鳚 *Chirolophis japonicus*

（27）比目鱼

识别要点：比目鱼（鲽形目 Pleuronectiformes）体侧扁，以一侧平躺于水底，两眼位于身体另一侧；背鳍与臀鳍较长。以前进的方向计，有两眼在身体右侧而以左侧为底的，如鲽类（有胸鳍，尾明显），常见的有石鲽 *Kareius bicoloratus*（图 19-61A）；也有无胸鳍尾不明显的类别，如鳎类，常见的有带纹条鳎 *Zebrias zebra*（图 19-61B）、东方箬鳎 *Brachirus orientalis*（图 19-61C）等。

图 19-61　几种比目鱼示例一

A：石鲽 *Kareius bicoloratus*；B：带纹条鳎 *Zebrias zebra*；C：东方箬鳎 *Brachirus orientalis*

也有两眼在身体左侧的，如鲆类（有胸鳍，尾明显），如褐牙鲆（多宝鱼）*Paralichthys olivaceus*（图 19-62A）；舌鳎（无胸鳍，尾不明显），如短吻红舌鳎 *Cynoglossus joyneri*（图 19-62B）、长吻红舌鳎 *Cynoglossus lighti*（图 19-62C）等。即"左鲆右鲽、左舌右鳎"。

图 19-62　几种比目鱼示例二

A：褐牙鲆 *Paralichthys olivaceus*；B：短吻红舌鳎 *Cynoglossus joyneri*；C：长吻红舌鳎 *Cynoglossus lighti*

（28）鲀鱼

识别要点：鲀鱼（鲀形目 Tetrodontiformes）体粗短，皮肤光滑但有些种类具刺；鳃孔小；腹鳍胸位或消失；有些种类有气囊，能使胸腹部充气膨胀，如玻璃炮弹鱼 *Melichthys vidua*（图 19-63A）、绿鳍马面鲀 *Thamnaconus modestus*（图 19-63B）、中华单角鲀 *Monacanthus chinensis*（图 19-63C）。

图 19-63　三种鲀鱼示例

A：玻璃炮弹鱼 *Melichthys vidua*；B：绿鳍马面鲀 *Thamnaconus modestus*；C：中华单角鲀 *Monacanthus chinensis*

身体光滑的鲀有暗纹东方鲀 *Takifugu obscurus*（图 19-64A、B）和黄鳍东方鲀 *Takifugu xanthopterus*（图 19-64C）等。

图 19-64　两种东方鲀示例

A：暗纹东方鲀 *Takifugu obscurus* 侧面观；B：充气后的暗纹东方鲀；C：黄鳍东方鲀 *Takifugu xanthopterus*

本类中还有刺鲀（腹部或全身有刺），如棕斑腹刺鲀 *Gastrophysus spadiceus*（图 19-65A、B）、月腹刺鲀 *Gastrophysus lunaris*（图 19-65C）、六斑刺鲀 *Diodon holocanthus*（图 19-65D）等。

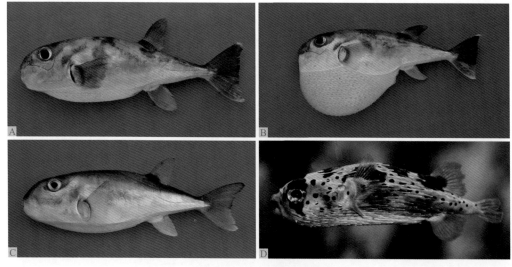

图 19-65　三种刺鲀示例

A、B：棕斑腹刺鲀 *Gastrophysus spadiceus*；C：月腹刺鲀 *Gastrophysus lunaris*；D：六斑刺鲀 *Diodon holocanthus*

另外还有箱鲀和翻车鱼，如粒突箱鲀 *Ostracion cubicus*（图 19-66A）、牛角箱鲀 *Lactoria cornutus*（图 19-66B）和翻车鱼 *Mola mola*（图 19-66C）。

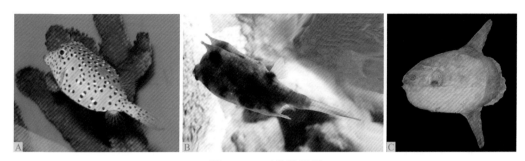

图 19-66　三种鲀示例

A：粒突箱鲀 *Ostracion cubicus*；B：牛角箱鲀 *Lactoria cornutus*；C：翻车鱼 *Mola mola*

（29）鮟鱇

识别要点：**鮟鱇**（鮟鱇目 Lophiiformes）体粗短扁平，无鳞，胸鳍足状，腹鳍喉位，头额部常有小的杆状物，如黄鮟鱇 *Lophius litulon*（图 19-67）。

图 19-67　黄鮟鱇 *Lophius litulon*

A：背面观；B：头部放大示齿与头顶杆状物

2　指导性观察项目

（1）观察弹涂鱼的形态及其适应性。

（2）观察鲷鱼背鳍的形态，指出鳍条与鳍棘。

（3）观察比目鱼（如舌鳎）的游泳过程与动作。

（4）观察鳕鱼的背鳍大小和形态。

（5）观察并比较鲨鱼与鲈鱼尾鳍的形态。

（6）观察并比较不同鲨鱼背鳍、臀鳍的多少与位置。

（7）观察海马的游泳动作。

（8）思考为什么鲸鲨能够如此庞大？

（9）比较不同类型鱼胸鳍的位置与形态，推测它们的可能功能。

（10）捕捉或购买几条鱼，并分别剪去它们的鳍，观察它们的游泳动作有何改变。

第*20*章

海洋爬行动物

爬行动物（爬行纲 Reptilia）用肺呼吸空气但调节和稳定体温的机制和能力不强，而水体特别是海水温度较低，故它们不能频繁出入水中和陆地，所以真正水生的海洋爬行动物种类不多，且多生活在温暖和热带地区，但几乎每个门类都有少数种类能够生活在海洋中，如有鳞目中的海蛇（蛇类的代表，数十种），海鬣蜥（蜥蜴类的代表，1种），龟鳖目中的海龟（约 7 种），鳄目中的鳄等（约 20 种）。

1 代表性种类

（1）青环海蛇 *Hydrophis cyanocinctus*（有鳞目 Squamata 海蛇科 Hydrophiidae，图 20-1）

识别要点：较长的蛇类，头部与躯干部圆筒形，细长，后部和尾逐渐过渡到侧扁形，似桨状。背部深灰色，腹部黄色或橄榄色，全身具较窄的青绿色环带。

（2）玳瑁 *Eretmochelys imbricata*（龟鳖目 Tesudines 海龟科 Cheloniidae，图 20-2）

识别要点：体型较小（约脸盆大小）、身体扁平、色彩艳丽、条纹斑驳的海龟。头顶有两对前额鳞，吻部侧扁，上颚前端钩曲呈鹰嘴状；背甲盾片呈覆瓦状

图 20-1　青环海蛇
Hydrophis cyanocinctus

排列，表面光滑，具褐色和淡黄色相间的花纹；四肢鳍状；前肢具 2 爪；尾短，通常不露出甲外。

图 20-2　玳瑁 *Eretmochelys imbricata*
A：侧面观；B：后面观

（3）（绿）海龟 *Chelonia mydas*（龟鳖目 Tesudines 海龟科 Cheloniidae，图 20-3）

识别要点：体色较为暗淡统一的大型海龟（约 1.0m 左右），体色中有明显绿色纹路，但也有颜色斑驳发黄的个体；前额鳞（两眼之间的头顶骨板）两片；背部颜色多变，但较隆起、圆润。

图 20-3　海龟 *Chelonia mydas*

（4）蠵龟 *Caretta caretta*（龟鳖目 Tesudines 海龟科 Cheloniidae，图 20-4）

识别要点：最大型的海龟之一，比（绿）海龟大，体色暗黑色，夹杂着金黄至黄色色斑；体背较（绿）海龟扁平，前额鳞两对。

图 20-4　蠵龟 *Caretta caretta*

（5）棱皮龟 *Dermochelys coriacea*（龟鳖目 Tesudines 棱皮龟科 Dermochelyidae，图 20-5）

识别要点：最大的海龟，前肢特别发达，体被明显纵脊 7 条，在体前后汇聚，体背表面无骨板，有厚皮。

图 20-5　棱皮龟 *Dermochelys coriacea*

（6）扬子鳄 *Alligator sinensis*（鳄目 Crocodylia 鼍科 Alligatoridae，图 20-6）

识别要点：中国特有鳄类，吻短，嘴合拢时只上颚牙可见，体背鳞片较平滑。

图 20-6　扬子鳄 *Alligator sinensis*

（7）美国短吻鳄（密西西比鳄）*Alligator mississippiensis*（鳄目 Crocodylia 鼍科 Alligatoridae，图 20-7）

识别要点：美国特有鳄类，吻短，嘴合拢时只上颚牙可见，体背鳞片明显凹凸不平，体型较扬子鳄大。

图 20-7　美国短吻鳄 *Alligator mississippiensis*

（8）美洲鳄 *Crocodylus acutus*（鳄目 **Crocodylia** 鳄科 **Crocodylidae**，图 **20-8**）

识别要点：分布于北美洲南部、南美洲北部的鳄类，生活于淡咸水交界处，吻较长，嘴合拢时上下颚牙都外露可见，体背鳞片明显凹凸不平。

图 20-8　美洲鳄 *Crocodylus acutus*

2 指导性观察项目

（1）观察不同鳄类其吻长度的变化，推测其可能的食物种类。

（2）观察海龟鳍上的指突及其演化。

（3）观察并推测棱皮龟的背棱可能的作用。

（4）观察海蛇的尾巴形态，推测其可能的作用及其演化。

（5）观察玳瑁的体色，并推测其可能的生活环境。

第 *21* 章
海洋鸟类

　　鸟类（鸟纲 Aves）由于具备温血和有翼能飞的特点，可以深入到远洋和水中，故海洋鸟类十分多样。另外，在海滨地区也可能见到很多的陆地鸟类。然而，由于鸟类都需要到陆地繁殖，且海洋风急浪高，很难在水面筑巢，故海岸、海岛往往是鸟类的天堂，在海岸边各种生境中都可见到很多鸟类。在我国分布的鸟类类群中，除完全树栖型的（如䴕形目的啄木鸟）、夜行性的（如鸮形目的猫头鹰）、林地或草地生活的（如鸡形目的雉类）外，其他的类群在海边、湿地都可能见到代表性种类，约分布在 12 目中。

1 代表性种类

图 21-1　丹顶鹤 *Grus japonensis*

（1）鹤形目 Gruiformes

　　多是生活于水边的鸟类，体型大小不一，常见种类较大，一般要大于家鸡；喙、颈和腿极长；后趾小，与前三趾不在同一平面。

　　丹顶鹤 *Grus japonensis*（鹤科 Gruidae，图 21-1）

　　识别要点：体大，有半人高；除

颈部和飞羽后端为黑色外，全身洁白，头顶皮肤裸露，呈鲜红色；腿和趾黑色；在海边滩涂常可见；叫声悦耳。

白枕鹤 *Grus vipio*（鹤科 Gruidae，图 21-2）

识别要点：大小与丹顶鹤相当或略小；眼部红色，后有镜斑；头顶至颈背白色，体大部灰黑色，包括颈前大部和侧面；尾白色或灰色；腿和趾红色。

图 21-2　白枕鹤 *Grus vipio*

沙丘鹤 *Grus canadensis*（鹤科 Gruidae，图 21-3）

识别要点：身体大小与丹顶鹤相当或略大；眼部红色，其余部分青灰色至灰白色，背部具黄色至橘红色斑纹；喙、腿和趾灰色至黑色。

蓑羽鹤 *Anthropoides virgo*（鹤科 Gruidae，图 21-4）

识别要点：比其他鹤类略小但更美；身体

图 21-3　沙丘鹤 *Grus canadensis*

灰白色至灰蓝色，头到颈下、胸前黑色，眼后有极为醒目的白色耳羽；翼端黑色。

灰鹤 *Grus grus*（鹤科 Gruidae，图 21-5）

识别要点：与丹顶鹤较类似；头顶具红色斑块；颈部的黑色在背面不连接成片；身体灰白色，尾及背部只有黑色条纹状羽毛而非丹顶鹤那样成片的黑色尾巴；喙黄色，腿和趾黑色。

图 21-4　蓑羽鹤 *Anthropoides virgo*　　　　图 21-5　灰鹤 *Grus grus*

黑水鸡 *Gallinula chloropus*（秧鸡科 Rallidae, 图 21-6）

识别要点：大小如鸡，身体整体呈灰黑色或青黑色，翼下及腹面色略浅，两肋具宽的白色纵条纹，尾两侧白色；额及喙基部为红色、嘴黄色；幼鸟上体呈橄榄绿色，下体浅灰褐色；喙基和额甲亮红，喙暗绿色，脚绿；会叫，在各种水体都可能见到，常在水中游戏或在草丛中觅食。

图 21-6　黑水鸡 *Gallinula chloropus*
A：成鸟；B：未成鸟

白骨顶 *Fulica atra*（秧鸡科 Rallidae, 图 21-7）

识别要点：身体大小如鸡；头和颈部深黑；背羽和内侧翼羽暗青灰色，略有金属反光，向后至尾转为黑色；眼红或红褐；喙和额白，胫的裸出部淡橙红色，脚和趾暗绿，瓣膜和爪灰黑色；幼鸟全身灰黑色。

红脚苦恶鸟 *Amaurornis akool*（秧鸡科 Rallidae，图 21-8）

识别要点：大小如小公鸡，但脚趾、腿及嘴均较长，脚尤甚；身体整体为灰色至褐色，略呈浅红色，胸部及腿较明显；虹膜红色；喙黄绿；脚洋红；常可见在水体附近草丛中或岸边行走觅食，遇人时躲进草丛或灌丛。

图 21-7　白骨顶 *Fulica atra*　　　　图 21-8　红脚苦恶鸟 *Amaurornis akool*

白胸苦恶鸟 *Amaurornis phoenicurus*（秧鸡科 Rallidae，图 21-9）

识别要点：大小如小公鸡；体背部灰褐色至黑色，腹部白色，尾下红色；喙灰色，腿和趾灰黄色。

（2）鹳形目 Ciconiiformes

生活在水边的鸟类，体型往往较大，大多以鱼类和底栖动物（如软体动物）为食，也可取食青蛙、昆虫等；腿、颈、喙均长，嘴大；腿部胫下覆以软鳞状皮肤，四趾细长，位于同一平面。

东方白鹳 *Ciconia boyciana*（鹳科 Ciconiidae，图 21-10）

识别要点：极大的鸟类，体长约有 120 cm；嘴长而直；颈与腿亦长；身体前部几乎为纯白色，尾部灰黑色；眼乳白色，外轮黑色；嘴黑色，腹面红色；眼周及颊部裸区及腿脚均为红色。

图 21-9　白胸苦恶鸟 *Amaurornis phoenicurus*　　图 21-10　东方白鹳 *Ciconia boyciana*

黑鹳 *Ciconia nigra*（鹳科 Ciconiidae，图 21-11）

识别要点：大型涉禽，全长约 100 cm；上体从头至尾包括翼羽呈黑褐色，有金属质紫绿光，颏、喉至上胸为黑褐色，下体余部纯白色；喙、围眼裸区、腿及脚均朱红色。

图 21-11　黑鹳 *Ciconia nigra*

黑头白鹮 *Threskiornis melanocephalus*（鹮科 Threskiorothidae，图 21-12）

识别要点：与一般的鹅大小相仿，全身白色羽毛，但喙至颈黑色，腿和趾也为黑色；喙延长成管状，向下弯曲。

（小）白鹭 *Egretta garzetta*（鹭科 Ardeidae，图 21-13）

识别要点：最常见的较大型白色涉禽，体白、眼黄、喙黑、腿黑、趾黄，有时可见头部着生两条长白羽，飞行时颈强烈弯曲；在较大型水体如海边、宽大的溪流、河流、湖泊、池塘等水边及附近树上常可见。

图 21-12　黑头白鹮 *Threskiornis melanocephalus*

图 21-13　（小）白鹭 *Egretta garzetta*

大白鹭 *Casmerodius albus*（鹭科 Ardeidae，图 21-14）

识别要点：较常见的最大型白色涉禽，在海边、滩涂或大型水库或水体附近可见；体羽白色，颈长而弯曲，弯曲时似乎脖子里有食物而明显彭大突出；喙黄色，端部可能变黑，喙裂延伸至眼后，脚黑色细长（繁殖时腿色可能较浅），飞行时伸出尾羽很长；比其他白色鹭大许多。

牛背鹭 *Bubulcus ibis*（鹭科 Ardeidae，图 21-15）

识别要点：常见的最小

图 21-14　大白鹭 *Casmerodius albus*

白色鹭类，喙、颈及腿等相对较短，在离水体的附近也可能看到，常与牛羊等生活在一起，啄食被牛羊等惊起的昆虫；喙、腿和趾黄色，繁殖季变成红色，头颈部也出现红色。

图 21-15　牛背鹭 *Bubulcus ibis*
A：繁殖期形态；B：生活场景

池鹭 *Ardeola bacchus*（鹭科 Ardeidae，图 21-16）

识别要点：最常见的棕色具条斑鹭类，在各种水体附近都可能见到，常静止不动地站在水边或水中；身体较白鹭粗壮，脖颈相对较短；繁殖期色相对较深，背部变为灰黑色，胸部酱褐色，飞行时可见翅为白色；嘴黄褐色，尖端黑色，腿灰绿色。

图 21-16　池鹭 *Ardeola bacchus*

黑冠鳽 *Gorsachius melanolophus*（鹭科 Ardeidae，图 21-17）

识别要点：较少见的粗壮条斑鹭类；身体杂麻色，偏红，头顶和冠黑色；喙、腿、趾铅黄色。

夜鹭 *Nycticorax nycticorax*（鹭科 Ardeidae，图 21-18）

识别要点：较常见的粗壮鹭类，在常见鹭类中是最小的，在水体的岸边或水中常静止不动地等待；头顶、后颈及背部墨绿色，枕部具 2～3 根狭长的白色冠羽；颈侧、翼、腰及尾羽灰色，余部白色；眼黄至红，喙黑，趾黄至粉红。

图 21-17　黑冠鳽 *Gorsachius melanolophus*

图 21-18　夜鹭 *Nycticorax nycticorax* 成鸟（左雄右雌）及飞行姿态

绿鹭 *Butorides striata*（鹭科 Ardeidae，图 21-19）

识别要点：较少见的体色斑驳的粗壮鹭类，与夜鹭最像，头顶有深色冠羽，但翅背面有明显的条纹状浅色斑；喙黑，腿和趾黄至粉红。

苍鹭 *Ardea cinerea*（鹭科 Ardeidae，图 21-20）

识别要点：最大型灰色至褐色鹭类，体羽以灰色为主，头顶有黑纹，前颈有 2～3 条黑色纵斑；喙和眼黄色，脚暗绿色；在大型水体附近可见。

草鹭 *Ardea purpurea*（鹭科 Ardeidae，图 21-21）

识别要点：与苍鹭较为接近但体色明显斑驳的大型鹭类；身体背部灰黑色，头颈及腹部棕红色，额和头顶蓝黑色，颈部背面、侧面有 3 条灰黑色纵斑；喙、眼、脚、趾等黄色至粉红色。

黑脸琵鹭 *Platalea minor*（鹭科 Ardeidae，图 21-22）

识别要点：通体白色但喙、腿和趾等黑色的中型鹭类；喙长而直，扁平，端部扩大成匙状；眼周黑色，与喙融为一体。

图 21-19　绿鹭 *Butorides striata*

图 21-20　苍鹭 *Ardea cinerea*

图 21-21　草鹭 *Ardea purpurea*

图 21-22　黑脸琵鹭 *Platalea minor*

（3）鸻形目 Charadriiformes

一般为与家鸽大小相仿或更小的生活于水边的鸟类；动作迅捷、奔跑快速，飞行能力很强，可作突然的起飞和降落，往往有较完善的保护色和伪装；翅狭长，前趾间多具不太明显的半蹼，但游泳型鸟类蹼较明显；后趾小而位高，不与前三趾在同一平面；体色多变，往往斑驳；喙形可直、上弯或下弯，喙可长可短、可细可粗；可能由于生活环境的单一性，很多种类体色较为一致，识别较为困难。

金眶鸻 *Charadrius dubius*（鸻科 Charadriidae，图 21-23）

识别要点：比麻雀略大，色较浅；头顶和上体沙褐色，额白色，眼前及眼后耳羽连成一黑色贯眼带斑，额、喉、颊及上颈白色形成带环，其下有明显的黑色领圈，眼周黄色；下体白色，尾沙褐色，两侧尾羽白色；喙灰色，腿黄色；常在水边的泥滩上觅食，会横走。

灰头麦鸡 *Vanellus cinereus*（鸻科 Charadriidae，图 21-24）

识别要点：比鸽子略大但颈与腿较长；头胸部铅灰色，胸腹部以较深、较宽的横纹与白色体躯间断；体背灰褐色，尾黑色；躯体腹部白色；喙、腿、脚黄色至黄红色；眼眶红，眼黑。

图 21-23　金眶鸻 *Charadrius dubius*

图 21-24　灰头麦鸡 *Vanellus cinereus*

凤头麦鸡 *Vanellus vanellus*（鸻科 Charadriidae，图 21-25）

识别要点：明显为黑白色的灰鸡，但颈、腿等比灰头麦鸡短；眉纹白色，头顶有明显的冠毛；身体背部黑色，胸前具黑色横纹，腹部白色；喙和腿、脚黑色。

扇尾沙锥 *Gallinago gallinago*（鹬科 Scolopacidae，图 21-26）

识别要点：大小如鸽，但嘴极长；全身呈现明显的沙黄色，具明显条纹；头顶冠纹和眉线乳黄色或黄白色，头侧线和贯眼纹黑褐色；前胸黄褐色，具黑褐色纵斑；腹部灰白色，具黑褐色横斑，翼下具有白色宽横纹。

图 21-25　凤头麦鸡 *Vanellus vanellus*（台德运 提供）　　图 21-26　扇尾沙锥 *Gallinago gallinago*

红颈滨鹬 *Calidris ruficollis*（鹬科 Scolopacidae，图 21-27）

识别要点：比麻雀略大的涉禽，背部呈现褐色但具白色斑点，而腹部白色或灰色，体色非常接近泥滩色；腿黑色，喙黑色，飞行时可见尾为白色；常在泥滩附近活动。

矶鹬 *Actitis hypoleucos*（鹬科 Scolopacidae，图 21-28）

识别要点：鹌鹑大小的鹬类，喙、脚较短，不特别长；嘴暗褐色，脚淡黄褐色；具白色眉纹和黑色过眼纹；上体黑褐色，下体白色，但胸腹部具宽的灰色横纹。

图 21-27　红颈滨鹬 *Calidris ruficollis*　　　　图 21-28　矶鹬 *Actitis hypoleucos*

白腰草鹬 *Tringa ochropus*（鹬科 Scolopacidae，图 21-29）

识别要点：鹌鹑大小的灰白色涉禽，背部灰黑色，具白色斑点，腹部白色，尾背部具黑色横斑；眼眶白色，过眼深色横纹止于眼前，浅色眉纹与眼眶白色相连，也不超过眼部，故使黑色的眼较为明显；喙黑色，腿和趾铅绿色。

图 21-29　白腰草鹬 *Tringa ochropus*

泽鹬 *Tringa stagnatilis*（鹬科 Scolopacidae，图 21-30）

识别要点：鸻鹬大小的灰白色涉禽，喙相对较细直，黑色；头及身体背部灰色，但翅缘具深色；身体下部白色；脚灰绿色。

灰尾漂鹬 *Tringa brevipes*（鹬科 Scolopacidae，图 21-31）

识别要点：鸻鹬大小的灰白色涉禽但身体明显细长；喙较长直，黑色；眉纹黑色，过眼纹黑色，身体背部和胸腹部灰色，背部具明显的白色斑点；尾尖黑色；腿和趾近黄色。

图 21-30　泽鹬 *Tringa stagnatilis*

图 21-31　灰尾漂鹬 *Tringa brevipes*

白腰杓鹬 *Numenius arquata*（鹬科 Scolopacidae，图 21-32）

识别要点：鸡大小的涉禽但明显细长；喙强烈下弯，基部红黄色，逐渐过渡到为黑色；体色斑驳，黑白相间，颈、胸部白色，杂以斑点，腰部白色，尾部又具斑点；腿和脚铅色到黑色。

黑翅长脚鹬 *Himantopus himantopus*（反嘴鹬科 Recurvirostridae，图 21-33）

识别要点：特征极为鲜明的涉禽，身体大小如鸡，但喙与腿极长；喙黑色，未成熟时可能较浅或浅黄色，长而直；头顶和身体背部黑色，但颈背部灰色；身体腹面白色；腿和趾红色。

图 21-32　白腰杓鹬 *Numenius arquata*　图 21-33　黑翅长脚鹬 *Himantopus himantopus*（台德运 提供）

反嘴鹬 *Recurvirostra avosetta*（反嘴鹬科 Recurvirostridae，图 21-34）

识别要点：身体大小如鸡、黑白分明的涉禽；喙长而向上弯曲，黑色；头顶和颈部背面黑色，翅背面基部和端部黑色，其他部位白色；身体白色；腿和脚灰黄色，蹼明显。

图 21-34　反嘴鹬 *Recurvirostra avosetta*　　　图 21-35　蛎鹬 *Haematopus ostralegus*

蛎鹬 *Haematopus ostralegus*（蛎鹬科 Haematopodidae，图 21-35）

识别要点：与鸡大小相仿的的黑白色涉禽；喙长而直，强壮粗大，红色；眼红色，头顶和身体背部黑色，颈部、胸部也为黑色，但颈部有时会有白环；腹部白色并延伸到翅基周围；翼后缘白色，其余黑色；尾端黑色，其余白色；腿和脚粉红色。

崖海鸦 *Uria aalge*（海雀科 Alcidae，图 21-36）

识别要点：家鸭大小的水鸟；眼圈白色，眼后有一白色曲线斑，喙黑色，凿状；身体背部黑色，腹部白色；翅窄而短小，黑色，具白色翅斑；尾短；前趾间有蹼，无后趾，腿和脚灰黑色。

海鸽 *Cepphus columba*（海雀科 Alcidae，图 21-37）

识别要点：身体匀称像鸽子的水鸟；全身黑色，但翅上和胸部会具白色条纹或斑块；喙黑色，尖细，凿状；下颌也会具白色斑点；腿和喙红色，前三趾间具蹼。

图 21-36　崖海鸦 *Uria aalge*　　　　　　图 21-37　海鸽 *Cepphus columba*

角嘴海雀 *Cerorhinca monocerata*（海雀科 Alcidae，图 21-38）

识别要点：海鸥大小的鸟类；头部具两条明显的白色羽毛；上体灰黑色，向下逐渐过渡到灰白色，杂以白色斑点和条纹；喙黄色，向下弯曲，尖锐，上颚基部向上生长出一小的浅色角状物；脚黄色。

簇羽海鹦 *Fratercula cirrhata*（海雀科 Alcidae，图 21-39）

识别要点：极易识别的水鸟；身体粗短、结实，有家鸭大；喙黄色，基部灰色；眼周红色，围以较大的白色斑块；眉羽长而明显，白色；身体黑色；腿和脚黄色，具蹼。

（4）鸥形目 Lariformes

常见都为海鸥或家鸽大小的水禽，往往在水面嬉戏或翱翔；喙强壮侧扁，先端具钩；翅长而尖；腿较短，前三趾间具向内凹的蹼，后趾小而位高；体多黑白相间，背部往往黑色至灰色。

黑尾鸥 *Larus crassirostris*（鸥科 Laridae，图 21-40）

识别要点：比鸽子明显要大，翼尖而长；脚黄色，喙末端上有红色的斑点，继以黑色环带，腰、尾白，冬季头顶及颈背具深色斑；在海边及滩涂较常见，因幼鸟与成鸟差别较大且各龄鸟的颜色都有变化，不易准确辨认；最明显的特征为尾及翼尖黑色、嘴尖红色且具黑环纹。

图 21-38　角嘴海雀 *Cerorhinca monocerata*

图 21-39　簇羽海鹦 *Fratercula cirrhata*

图 21-40　黑尾鸥 *Larus crassirostris*

银鸥 *Larus argentatus*（鸥科 Laridae，图 21-41）

识别要点：头部平坦，夏羽头、颈和下体纯白色，背与翼上银灰色；腰、尾上覆羽纯白色，翼末端黑褐色，有白色斑点；喙黄色，下嘴尖端有红色斑点；冬羽头和颈具褐色细纵纹。

灰背鸥 *Larus schistisagus*（鸥科 Laridae，图 21-42）

识别要点：与银鸥类似，喙端下部有红色斑点，体背部黑色；喙黄色，腿与脚粉红色。

图 21-41　银鸥 *Larus argentatus*

图 21-42　灰背鸥 *Larus schistisagus*

灰翅鸥 *Larus glaucescens*（鸥科 Laridae，图 21-43）

识别要点：体色多变，第一冬幼鸟全身浅皮黄褐色，后颈明显偏白，喙厚实，黑色；腿和脚黑色；成鸟体色浅，头颈部背面具灰斑，翅灰色。

图 21-43　灰翅鸥 *Larus glaucescens*

图 21-44　北极鸥 *Larus hyperboreus*

北极鸥 *Larus hyperboreus*（鸥科 Laridae，图 21-44）

识别要点：全身白色，翅背面灰色，翅缘白色；尾白色，喙黄色，端部腹面有红色斑点，腿和脚粉红色。

海鸥 *Larus canus*（鸥科 Laridae，图 21-45）

识别要点：头部白色，体灰色，翅尖和尾端部黑色；喙次端部具黑色环纹；腿及嘴绿黄色。

图 21-45　海鸥 *Larus canus*（不同年龄）

红嘴鸥 *Chroicocephalus ridibundus*（鸥科 Laridae，图 21-46）

识别要点：比一般的海鸥略小的鸥类；繁殖羽（夏羽）；头顶深褐色至黑色，向前延伸到喙基，眼眶白色，眼褐色；喙红色；翅和尾端部黑色，其他部位白色；腿与脚橘红色；非繁殖羽（冬羽）；头白色但眼后具黑色点斑，喙红色但端部黑色，脚红色。

图 21-46　红嘴鸥 *Chroicocephalus ridibundus*
停歇与飞行时的姿态

普通燕鸥 *Sterna hirundo*（鸥科 Laridae，图 21-47）

识别要点：比一般的海鸥细长的鸥类，翅尖细；喙细长而尖，红色但端部黑色，头顶黑色，身体白色，翼背面端部灰黑；腿和脚红色。

白额燕鸥 *Sternula albifrons*（鸥科 Laridae，图 21-48）

识别要点：较小的燕鸥，全身白色，只头顶黑色但额部白色，过眼纹黑色；喙黑色至黄色；翅背腹面的边缘黑色；腿和脚黄色。

图 21-47　普通燕鸥 *Sterna hirundo*　　　图 21-48　白额燕鸥 *Sternula albifrons*

褐贼鸥 *Stercorarius antarcticus*（贼鸥科 Stercorariidae，图 21-49）

识别要点：比家鹅略小的鸥类，身体灰黑色，斑驳；翅色深，且具一条明显的白色横纹；喙黑灰，强壮，下弯；腿和脚褐色或黑色。

南极贼鸥 *Catharacta maccormicki*（贼鸥科 Stercorariidae，图 21-50）

识别要点：与褐贼鸥类似但略大，翅色深，也具一白色条纹，白纹比褐贼鸥宽大。

图 21-49　褐贼鸥 *Stercorarius antarcticus*　　　图 21-50　南极贼鸥 *Catharacta maccormicki*

（5）雁形目 Anseriformes

体型大小多变，常见种类都有家鸭或鸳鸯大小；喙明显较长，平扁，边缘呈栉齿状；上喙端部具独立的甲状骨片（嘴甲）；腿不明显延长，偏于身体后方，故它们在陆地行走时需略直立；前三趾间具蹼，后趾小而位高；体色往往鲜艳。

绿头鸭 *Anas platyrhychos*（鸭科 Anatidae，图 21-51）

识别要点：似家鸭，雄鸟上体大致黑褐色，头和颈灰绿色，颈基有一条白色领环与栗色的胸相隔；下颈、背、胸黑褐色，腰和尾上覆羽黑色，中央两对尾羽绒黑色，末端向上卷曲，其他尾羽白色；喙灰黄，脚橘黄；雌鸟褐色斑驳，有深色贯眼纹，背面黑褐色，具浅棕色羽缘，下体浅棕色，杂以褐色斑点。

斑嘴鸭 *Anas zonorhyncha*（鸭科 Anatidae，图 21-52）

识别要点：与家鸭大小类似的鸭类；全身深褐色，头部色浅，头顶及眼线色深，嘴黑而端部黄色，喉及颊色稍浅黄；翼上具明显像镜子一样光亮的蓝绿色羽毛，能反光；腿和脚红黄色。

图 21-51　绿头鸭 *Anas platyrhychos*　　　　图 21-52　斑嘴鸭 *Anas zonorhyncha*

琵嘴鸭 *Anas clypeata*（鸭科 Anatidae，图 21-53）

识别要点：比家鸭明显要大，且喙延长加宽，末端呈匙形；雄鸟腹部栗色，胸白，头深绿色而具光泽；雌鸟褐色斑驳，尾近白色，贯眼纹深色；虹膜褐色，腿和脚橘黄色。

图 21-53　琵嘴鸭 *Anas clypeata*
左雄右雌

斑背潜鸭 *Aythya marila*（鸭科 Anatidae，图 21-54）

识别要点：喙铅色，头颈绿色至黑色，眼黄；翼背部色浅，其他部分栗色；腹部白色；腿和脚铅灰色。

鸳鸯 *Aix galericulata*（鸭科 Anatidae，图 21-55）

识别要点：比家鸭小得多但体色极其艳丽：头部具有由绿色、白色和栗色所构成的羽冠，胸腹部纯白色；背部浅褐色，肩部两侧有白纹 2 条；最内侧两枚飞羽扩大，呈扇形，竖立在背部两侧，非常醒目；雌性背部苍褐色，腹部纯白；眼棕色，外围有黄白色的环，嘴红棕色；脚和趾红黄色，蹼膜黑色。

图 21-54　斑背潜鸭 *Aythya marila*　　　　图 21-55　鸳鸯 *Aix galericulata*
色艳的为雄

赤麻鸭 *Tadorna ferruginea*（鸭科 Anatidae，图 21-56）

识别要点：全身黄褐色，但喙、眼、腿和脚等为黑色；翼内半部棕褐色，外半部前端白色，后端黑色，雄鸟夏季有狭窄的黑色领圈。

丑鸭 *Histrionicus histrionicus*（鸭科 Anatidae，图 21-57）

识别要点：颜色极为斑驳、艳丽的鸭类；雄鸟体羽灰蓝色至黑色并具白色斑纹；脸及耳部具白色点斑，头高而喙小；雄鸟灰色，两侧栗色，颈背、上胸、下胸及翅羽具白色条纹。

图 21-56　赤麻鸭 *Tadorna ferruginea*　　　图 21-57　丑鸭 *Histrionicus histrionicus*

中华秋沙鸭 *Mergus squamatus*（鸭科 Anatidae，图 21-58）

识别要点：体色浅但斑驳美丽的鸭类，体更为细长；雄鸟具长而窄、近红色的喙，其尖端具钩；头部蓝绿色至黑色，具厚实的羽冠；胸部白色，两肋羽片白色而羽缘及羽轴黑色形成特征性鳞状纹；脚红色；雌鸟色暗而多灰色，腿与脚橘黄色。

图 21-58　中华秋沙鸭 *Mergus squamatus*
左雄右雌

斑头雁 *Anser indicus*（鸭科 Anatidae，图 21-59）

识别要点：比家鹅明显要小的雁；头顶白而有两道黑色条纹，喉部白色延伸至颈侧；喙黄色，嘴尖黑色，腿与脚橙黄色。

鸿雁 *Anser cygnoides*（鸭科 Anatidae，图 21-60）

识别要点：比家鹅大的雁类；嘴黑色，头顶黑色，向后延伸到身体背部，颈两侧棕灰色，胸部棕红色向腹部过渡到灰褐色；臀部白色；翅黑色，有浅色斑点；腿和脚红黄色。

图 21-59　斑头雁 *Anser indicus*　　　　图 21-60　鸿雁 *Anser cygnoides*

灰雁 *Anser anser*（鸭科 Anatidae，图 21-61）

识别要点：与鸿雁类似但头部颜色不同；基本为灰褐色，头颈部无明显黑色条纹；颈部灰褐色；喙、脚、腿红黄色；尾端白色。

豆雁 *Anser fabalis*（鸭科 Anatidae，图 21-62）

识别要点：暗灰色雁类，无明显条纹；颈色暗，喙橘黄色且具橘黄色次端条带；虹膜暗棕色，腿与脚橘黄色。

图 21-61　灰雁 *Anser anser*　　　　图 21-62　豆雁 *Anser fabalis*

白额雁 *Anser albifrons*（鸭科 Anatidae，图 21-63）

识别要点：体色斑驳的雁类，喙基部黄色，端部粉红色，喙基有白色斑块环绕；腹部具大块黑斑，腿橘黄色。

疣鼻天鹅 *Cygnus olor*（鸭科 Anatidae，图 21-64）

识别要点：比家鹅要大得多，体羽洁白；眼先黑色与嘴基部相连呈三角形，喙为赤红色，喙基和喙缘为黑色，前端近肉桂色；喙甲为褐色；喙基和前额交汇处有一个十分明显的黑色疣状突起，虹膜为棕褐色；尾羽较长而尖；爪和蹼均为黑色；叫声洪亮。

图 21-63　白额雁 *Anser albifrons*

图 21-64　疣鼻天鹅 *Cygnus olor*

大天鹅 *Cygnus columbianus*（鸭科 Anatidae，图 21-65）

识别要点：比疣鼻天鹅小但比家鹅大，体羽洁白，头部稍带棕黄色；长颈，白羽，脚和蹼黑色，喙基的黄色延伸喙基的两侧和鼻孔以下；头顶至枕部常略棕黄，虹膜棕色，喙端为黑色，脚黑色。

（6）䴙䴘目 Podicipediformes

图 21-65　大天鹅 *Cygnus columbianus*

中、小型游禽；喙细长、尖直；翅短小；尾羽退化或缺乏坚硬尾羽，呈绒羽状；腿位置较靠后，各趾均具瓣蹼，善游泳和潜水。

小䴙䴘 *Podiceps ruficollis*（䴙䴘科 Podicipedidae，图 21-66）

识别要点：中等鸡大小的水鸟，眼黄，羽毛蓬松，喙尖而细，尾短，游泳时尾似乎在水中，能潜水捕鱼；最常见的䴙䴘，成鸟眼前有白斑，后头及颈部棕红色，后肢位置靠近身体后部；似乎一直在水中游泳而不上岸，受惊能在水面起飞；常漂荡于水边但离岸较远。

图 21-66　小　　*Podiceps ruficollis*
繁殖期的成鸟与幼鸟以及非繁殖期的成鸟

凤头䴙䴘 *Podiceps cristatus*（䴙䴘科 Podicipedidae，图 21-67）

识别要点：比小䴙䴘明显要大（但比家鹅略小）、身体更为细长的䴙䴘；眼红，体色鲜艳，夏季雄鸟头顶具黑色冠羽，头侧及上颈有一圈栗色长形饰羽，两羽之间有红棕色羽毛，颈及身体腹部色浅，北部灰黑色；游泳时似乎身体大半淹没在水中，只露出头及背部上端。

图 21-67　凤头䴙䴘 *Podiceps cristatus*　　　　图 21-68　太平洋潜鸟 *Gavia pacifica*

（7）潜鸟目 Gaviiformes

与鸭大小相当的水禽，喙直而尖，像凿子；两翅短小；尾短，被覆羽所掩盖；脚在身体的后部，前 3 趾间具蹼。

太平洋潜鸟 *Gavia pacifica*（潜鸟科 Gaviidae，图 21-68）

识别要点：喙黑色，眼红，小而圆；头顶和颈部背面灰色，喉部有细白纹，白纹以下为黑色；胸腹部及下体白色；身体背面黑色，杂有明显的白色斑点或条纹；腿和脚黑色。

图 21-69　普通潜鸟 *Gavia immer*

普通潜鸟 *Gavia immer*（潜鸟科 Gaviidae，图 21-69）

识别要点：喙铅色至黑色，眼红；头顶和颈部黑色，间以两道明显的白纹，下部的白纹较宽大明显；身体背面黑色，间以小的白色斑点或条纹；胸腹部及下体白色；腿和脚黑色。

（8）鹱形目 Procellariiformes

能深入到海洋深处的鸟类，嘴长而强大，端部弯曲呈钩；鼻呈管状；翅细长而尖，善于借风翱翔于海上；前三趾间具蹼，后趾甚小或不存在。

巨鹱 *Macronectes giganteus*（鹱科 Procellariidae，图 21-70A）

识别要点：体色多变，体型大（成鸟有半人高），翼长可达 2 米；鼻孔背位，明显管状；常于大海低空逐浪飞行，以小型海洋动物为食。

雪鹱 *Pagodroma nivea*（鹱科 Procellariidae，图 21-70B、C）

识别要点：体纯白但喙与腿、脚黑色的鹱类，比常见海鸥略小；楔形尾。

图 21-70　两种鹱鸟示例

A：巨鹱 *Macronectes giganteus*；B、C：雪鹱 *Pagodroma nivea*（整体观与头部）

黑眉信天翁 *Thalassarche melanophris*（信天翁科 Diomedeidae，图 21-71A）

识别要点：比家鸭、家鹅略大的信天翁；身体黑白相间，翅与翅背、尾端为黑色，其余部位白色至橙色；眼周黑色，有黑色眉纹；喙黄色，长而端部下弯，强硬；腿和脚铅色至黄色。

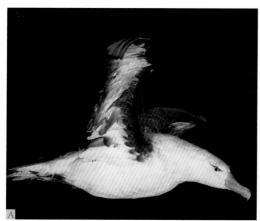

图 21-71　鹱形目两种鸟类示例

A：黑眉信天翁 *Thalassarche melanophris*；B：白腰叉尾海燕 *Oceanodroma leucorhoa*

白腰叉尾海燕 *Oceanodroma leucorhoa*（海燕科 Hydrobatidae，图 21-71B）

识别要点：比常见鸽子略小的海鸟；上体黑色，下体褐色；腰白色，成"V"字形；叉状尾；翅下有宽阔醒目的淡色带斑；趾较长，小后趾位置较高；喙和脚黑色；常在海面自由迅捷翻飞。

（9）鹈形目 Pelecaniformes

大型游禽，翅长而尖，喙长、末端具钩，大多具喉囊用以捕食时迅速吞入食物与大量水；趾间都具蹼（全蹼）。

白鹈鹕 *Pelecanus onocrotalus*（鹈鹕科 Pelecanidae，图 21-72）

识别要点：体型甚大的白色鸟；翼白色，尖部黑色；头后具短羽冠，胸部具黄色羽簇；嘴铅蓝色，裸露喉囊黄色，脸上裸露皮肤粉红，脚粉红。

图 21-72　白鹈鹕 *Pelecanus onocrotalus*

普通鸬鹚 *Phalacrocorax carbo*（鸬鹚科 Phalacrocoracidae，图 21-73）

识别要点：比鸭略大的水鸟，但身体明显细长，尤其是喙和颈部；全身为带有紫色金属光泽的蓝黑色；喙厚重，眼及嘴的周围皮肤裸露，呈黄色，成熟时白色；喙带钩，眼绿色至蓝色；头部及上颈部有白色丝状羽毛，后头部有一不很明显的羽冠。

图 21-73　普通鸬鹚 *Phalacrocorax carbo*
在岸上与在水中的姿态

白斑军舰鸟 *Fregata ariel*（军舰鸟科 Fregatidae，图 21-74）

识别要点：翅极长而窄，尾呈两叉；雄鸟通体褐至黑色，背部可具蓝绿色光泽，喉囊红色；雌鸟较雄鸟暗，后颈有栗色，胸和上腹白色，其余部位黑色。

图 21-74　白斑军舰鸟 *Fregata ariel*
A：雄鸟背面观；B：雌鸟侧面观及雏鸟

红脚鲣鸟 *Sula sula*（鲣鸟科 Sulidae，图 21-75）

识别要点：似鹅，体色浅，翅背面端部黑色，头颈部到肩部、尾部有黄色至黄红色光泽；喙粗壮，端部尖，基部红色，其他部分淡蓝色；眼黑，眼周和脸部为淡蓝色。

图 21-75　红脚鲣鸟 *Sula sula*　　　　　图 21-76　鹗 *Pandion haliaetus*

（10）隼形目 Falconiformes

昼行性猛禽；喙、脚强健具利钩；嘴基具蜡膜；翅强而有力，善疾飞和翱翔；视觉敏锐；体羽多灰、褐或黑色。

鹗（鱼鹰） *Pandion haliaetus*（鹗科 Pandionidae，图 21-76）

识别要点：大型猛禽，常在开阔水面上空盘旋，会潜入水中捕鱼；整体呈黑白色，翅下肩部具有明显黑斑，翅前缘白色，是其与其他猛禽的显著区别；贯眼纹黑色宽阔；喙黑色，蜡膜灰色；外趾能反转，趾底具突刺。

黑耳鸢 *Milvus lineatus*（鹰科 Accipitridae，图 21-77）

识别要点：较大的褐色至黑色猛禽，翅上下都具白色斑块；体羽深褐色，尾略显分叉，飞行时翅亚端部具明显的浅色斑纹；喙灰色，脚灰色。

（11）佛法僧目 Coraciiformes

小型至大型鸟类，喙大多长而强直，有的细而稍下曲或短而强；翅长而圆；腿短、脚弱，并趾型。

图 21-77　黑耳鸢 *Milvus lineatus*

A：停歇时姿态；B：飞行时姿态

普通翠鸟 *Alcedo atthis*（翠鸟科 Alcedinidae，图 21-78）

识别要点：比麻雀略小且细长的水鸟，喙大；体为金属浅蓝绿色，体羽艳丽而具光泽，头顶布满暗蓝绿色和艳翠蓝色细斑；眼下和耳后颈侧白色，体背灰翠蓝色，肩和翅暗绿蓝色，翅上杂有翠蓝色斑；喉部白色，胸部以下呈鲜明的栗棕色；下体橙棕色，颏白；脚红色。

白胸翡翠 *Halcyon smyrnensis*（翠鸟科 Alcedinidae，图 21-79）

识别要点：鹌鹑大小的细长、美丽鸟类；喙赤红，头颈和腹部栗色，胸部白色，上背、翼及尾蓝色鲜亮如闪光；翼上覆羽上部及翼端黑色；腿和脚红色。

图 21-78　普通翠鸟 *Alcedo atthis*　　　图 21-79　白胸翡翠　　　图 21-80　斑鱼狗 *Ceryle rudis*
　　　　　　　　　　　　　　　　　　　　Halcyon smyrnensis　　　　　　　（谢召勇 提供）

斑鱼狗 *Ceryle rudis*（翠鸟科 Alcedinidae，图 21-80 ）

识别要点：比翠鸟明显要大但身体形态类似，身体呈现为黑白两色；上胸具黑色的宽阔条带，其下具狭窄的黑斑；喙黑色，脚黑色；与冠鱼狗的区别在于体型、冠羽较小，具明显白色眉纹；上体黑而多具白点；常在水边活动。

冠鱼狗 *Ceryle lugubris*（翠鸟科 Alcedinidae，图 21-81 ）

识别要点：约有鸽大小，身体也呈黑白两色，头顶具显著羽冠；体黑色，具许多白色椭圆或其他形状大斑点，各羽具许多整齐的白色横斑；颏、喉白色，喙下有一黑色粗线延伸至前胸；喙角黑色，上喙基部和先端淡绿褐色；脚褐色。

图 21-81　冠鱼狗 *Ceryle lugubris*

图 21-82　小嘴乌鸦 *Corvus corone*

（12）雀形目 Passeriformes

大多为善于鸣叫的鸟类；足为离趾型，三趾向前、一趾向后，后趾几乎与中趾等长以利树栖握枝；喙形、翅形和尾形多样；巧于筑巢，雏鸟晚成性。

小嘴乌鸦 *Corvus corone*（鸦科 Corvidae，图 21-82 ）

识别要点：通体黑色的鸟类，带有一些蓝色、紫色和绿色的光泽；喙坚硬、强壮；喙基具羽毛，喙下弯，边缘与头顶的过渡平滑。

喜鹊 *Pica pica*（鸦科 Corvidae，图 21-83 ）

识别要点：人居附近常可见的鸟类；头部、颈部、胸部、背部、腰部均为黑色，略显蓝紫色金属光泽；肩羽、上下腹均为洁白色；飞羽和尾羽为近黑色的墨绿色，带辉绿色的金属光泽，飞行时可见双翅端部洁白，另外在飞行时背部的白色羽区形成一个"V"形；喙、足黑色。

灰喜鹊 *Cyanopica cyana*（鸦科 Corvidae，图 21-84）

识别要点：体灰色，叫声响亮但刺耳；成鸟头顶、颈侧、后颈黑色；肩部、上背为石板灰色，飞羽、尾羽和下背天蓝色，尾羽较长，端部白色；喙和足黑色。

图 21-83　喜鹊 *Pica pica*　　　　图 21-84　灰喜鹊 *Cyanopica cyana*

麻雀 *Passer montanus*（雀科 Passeridae，图 21-85）

识别要点：头上暗褐色，背部体色大致为暗红色，有黑色纵斑，腰至尾羽灰褐色，脸颊有明显黑斑；常成群出现于平地至中海拔地区之住家附近，喜欢停栖在屋顶、电线上或地面，移动以跳跃为主；最明显的特征为体色斑驳，嘴粗大，喜结群。

斑文鸟 *Lonchura punctulata*（梅花雀科 Estrildidae，图 21-86）

识别要点：比麻雀更小的小型鸟类；上体褐色，喉红褐，下体白，胸及两肋具深褐色鳞状斑；喙蓝灰，粗大坚硬，脚灰黑。

图 21-85　麻雀 *Passer montanus*　　　　图 21-86　斑文鸟 *Lonchura punctulata*

白腰文鸟 *Lonchura striata*（梅花雀科 Estrildidae，图 21-87）

识别要点：与斑文鸟很像，但腰部明显白色。

云雀 *Alauda arvensis*（百灵科 Alaudidae，图 21-88）

识别要点：体型大小似麻雀或略大，头上具不明显的羽冠，体色斑驳，颜色暗淡；眼周白色，喙灰色，腿与脚粉红色；善于飞行，也可在地面捷跑。

图 21-87　白腰文鸟 *Lonchura striata*

图 21-88　云雀 *Alauda arvensis*

震旦鸦雀 *Paradoxornis heudei*（莺科 Sylviidae，图 21-89）

识别要点：比麻雀更小的鸟类，但尾明显要长；头圆，嘴小但粗壮，黄色；眉纹黑色；头顶黑色，尾侧黑色；两肋黄褐色；腿和脚灰黄色。

家燕 *Hirundo rustica*（燕科 Hirundinidae，图 21-90）

识别要点：体长约 20cm；额、颏喉部、上胸深栗色，后胸具不完整的黑色胸带，胸带中央多杂以深栗色；翅及尾羽均黑色，具灰蓝色光泽，下体白色或近白，尾甚长，为深凹形，尾羽展开时，白斑连成"V"形；喙及脚灰色；常在人居附近做巢，在空中啄食昆虫。

图 21-89　震旦鸦雀 *Paradoxornis heudei*

图 21-90　家燕 *Hirundo rustica*

2 指导性观察项目 ┈┈┈┈┈┈┈┈┈┈┈┈┈┈┈┈┈┈┈┈┈┈┈┈┈┈┈

（1）观察不同鸟类趾与蹼的多样性。

（2）观察不同水鸟体色，并联想它们的生境来分析比较。

（3）在水边观察不同鹭鸟的捕食场所与动作的差异。

（4）观察不同鸻形目鸟类喙的变化与食性的关系。

（5）观察海鸥与燕鸥的形态与飞行动作。

（6）观察海鸥的体色，推测它们都为黑白色的可能原因。

（7）观察不同鸭类的体色，分析它们大多美丽斑驳的可能原因。

（8）观察鸊鷉的游泳动作和过程。

（9）观察牛背鹭与牛羊的关系。

（10）观察鸬鹚、鹗的捕食动作和过程。

第 22 章

海洋哺乳动物

海洋哺乳动物（哺乳纲 Mammalia）指以海边或海洋为主要生活领域的哺乳动物，约有 130 种。其中有部分动物生活在陆地上，但主要在海边或海中觅食，如海獭、北极熊，四肢活动能力和形态与其他陆生同类区别不大；另有一些动物在陆地上繁殖，大部分时间都在海洋中，如海狮、海豹等，它们的前后肢具蹼，后肢后移；更有几乎完全生活在海水中的哺乳动物，如肉食性的鲸、海豚等；也有完全草食性的海牛、儒艮等，它们的前后肢鳍状。简而言之，海洋哺乳动物可分为四大类，前两类分别是食肉目的部分陆地种类延伸性地向海洋发展，如两栖性的海獭和海滨生活的海狮、海豹；后两类可能是从食草性或杂食性祖先演化来的已完全水生的鲸目和海牛目。

代表性海洋哺乳动物门类在我国都有分布，约有 40 余种，但野外一般较难观察到，各地动物园、海洋公园和水族馆等饲养了不少种类。

1 代表性动物

（1）北极熊 *Ursus maritimus*（食肉目 Carnivora 熊科 Ursidae，图 22-1）

识别要点：最大的熊类，全身毛无色，皮肤黑，耳廓和吻部突出小；基本生活在北极圈内海洋浮冰上，主要以海豹等海洋生物为食。

图 22-1　北极熊 *Ursus maritimus*

（2）海獭 *Enhydra lutris*（食肉目 Carnivora 鼬科 Mustelidae，图 22-2）

识别要点：比黄鼠狼大一倍左右的鼬类，身体细长，尾粗壮，外耳廓小；体色暗黑，头部稍浅；能漂浮于海面，主要以海洋贝类、鱼类等为食。

图 22-2　海獭 *Enhydra lutris*
A：侧面观；B：头部

（3）北海狗 *Callorhinus ursinus*（食肉目 Carnivora 海狮科 Otariidae，图 22-3）

识别要点：比大型犬还要大一些，雌雄体型相差较大，雄性颈背部有厚鬃毛；有外耳廓，吻部短小较尖，指间具蹼但指（趾）端分开较深；身体整体呈黑色，背部稍浅；行动时后肢能向前屈伸到身体腹面；前后肢表面无毛。

图 22-3　北海狗 *Callorhinus ursinus*
A：雌性侧面观；B：雄性侧面观

（4）北海狮 *Eumetopias jubatus*（食肉目 Carnivora 海狮科 Otariidae，图 22-4）

识别要点：比大型犬稍大，雌雄体型相差较大，雄性颈背部有厚鬃毛；有很小的外耳郭，吻部短较大较突出；指间几乎具全蹼；身体整体棕黑色至棕黄色；行动时后肢能向前屈伸到身体腹面，前后肢表面无毛。

图 22-4　北海狮 *Eumetopias jubatus*
A：雌性；B：雌雄差距（个头大的为雄性）

（5）海象 *Odobenus rosmarus*（食肉目 Carnivora 海象科 Odobenidae，图 22-5）

识别要点：比常见的海狗、海狮明显要大很多，最突出的特征为具明显突出于唇的长犬齿，唇具浓密的胡须，无明显外耳廓；身体因密布毛细血管而呈棕红色；后肢能向前屈伸。

（6）斑海豹 *Phoca largha*（食肉目 Carnivora 海豹科 Phocidae，图 22-6）

识别要点：体呈灰黄色或深灰色，腹部乳黄色，具蓝黑色的不规则斑点；头近圆形，无外耳郭，眼大而圆，上唇具长而硬的触须；趾间有蹼，前后肢上均被毛；行动时后肢不能向前曲伸而只能位于尾部，靠前肢和腹部着力前进；尾短小扁平。

图 22-5　海象 *Odobenus rosmarus*　　　　　图 22-6　斑海豹 *Phoca largha*

（7）髯海豹 *Erignathus barbatus*（食肉目 Carnivora 海豹科 Phocidae，图 22-7）

识别要点：与斑海豹相似但体型稍大，体表面无明显色斑，吻部须白色，长而浓密。

（8）江豚 *Neophocaena phocaenoides*（鲸目 Cetacea 鼠海豚科 Phocoenidae，图 22-8）

识别要点：小型豚类，体长在 1.0～1.5 米左右；体粗壮，头近圆形，吻部较短，不突出，额前突；体呈蓝灰色至灰黑色，腹面色较浅；鳍肢较大，无背鳍，只有一浅背脊；尾鳍分叉。

图 22-7　髯海豹 *Erignathus barbatus*　　图 22-8　江豚 *Neophocaena phocaenoides*

（中科院水生所郝玉江 提供）

（9）中华白海豚 *Sousa chinensis*（鲸目 Cetacea 海豚科 Delphinidae，图 22-9）

识别要点：身体有两米左右；全身呈乳白色至白色、粉红色，背部具灰黑色的斑纹，幼体背部为灰黑色，腹部白色；吻部突出呈较长的管状，背鳍明显。

图 22-9　中华白海豚 *Sousa chinensis*

（10）瓶鼻海豚 *Tursiops truncatus*（鲸目 Cetacea 海豚科 Delphinidae，图 22-10）

识别要点：体较中华白海豚略小或相当；体色灰黑，背鳍高，吻部较中华白海豚短但明显。

图 22-10　瓶鼻海豚 *Tursiops truncatus*

（11）飞旋海豚 *Stenella clymene*（鲸目 Cetacea 海豚科 Delphinidae，图 22-11）

识别要点：与瓶鼻海豚较相似，但背鳍略高，体色除背部稍深外，余部稍浅，形成明显的条带状宽纵纹。常会腾出水面旋转后又落入水中。

图 22-11　飞旋海豚 *Stenella clymene*

（12）伪虎鲸 *Pseudorca crassidens*（鲸目 Cetacea 海豚科 Delphinidae，图 22-12）

识别要点：体型大，可达 3 米左右，全体为深灰色至黑色，背鳍高，明显向后倾斜；体修长，游泳迅速。

图 22-12　伪虎鲸 *Pseudorca crassidens*

（13）白鲸 *Delphinapterus leucas*（鲸目 Cetacea 独角鲸科 Monodontidae，图 22-13）

识别要点：体型很大，可达 2 米，全身白色；无明显背鳍，额隆起突出，嘴呈三角型突出，口裂深，游泳动作优雅缓慢。

图 22-13　白鲸 *Delphinapterus leucas*

（14）布氏鲸 *Balaenoptera edeni*（鲸目 Cetacea 须鲸科 Balaenopteridae，图 22-14）

识别要点：体型巨大（可达 10 米以上）的须鲸类（口内有须，用于从水中过滤食物）；头部宽大，吻部尖；背鳍较小，后移至身体后部；身体背部灰黑色，腹部浅白色。

图 22-14　布氏鲸 *Balaenoptera edeni*
左：头部；右：示身体大小对比

（15）西非海牛 *Trichechus senegalensis*（海牛目 Sirenia 海牛科 Trichechidae，图 22-15）

识别要点：食草的大型海洋哺乳动物；身体粗壮；灰色，有不太明显的浅色斑；吻部突出较短但肥厚，尾呈宽大的圆形桨状；鳍具趾（指）甲，眼深陷。

图 22-15　西非海牛 *Trichechus senegalensis*

（16）儒艮 *Dugong dugon*（海牛目 Sirenia 儒艮科 Dugongidae，图 22-16）

识别要点：海洋中食草的大型哺乳动物；身体粗壮；深灰色，有不太明显的浅色斑；吻部突出明显，肥厚，向下；尾呈分叉的鱼尾状。

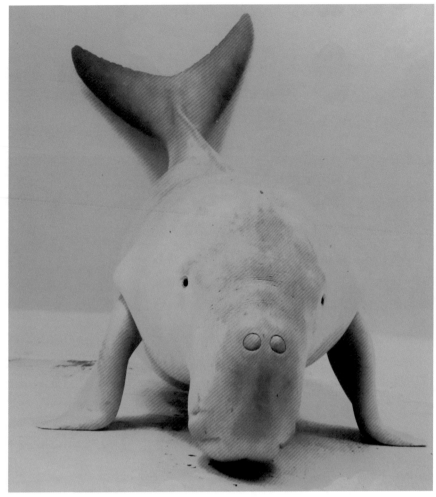

图 22-16　儒艮 *Dugong dugon*（東城效治 提供）

2 指导性观察项目

（1）观察海洋哺乳动物的后肢，并推测它们可能的演化过程及趋势。

（2）观察海洋哺乳动物吻部的形态，联系其与食性的关系。

（3）观察并比较海洋哺乳动物背鳍的种类和可能的变化。

（4）观察并比较海洋哺乳动物体型大小及其适应性。

（5）查询海洋哺乳动物食性的多样性和可能的演化过程。

主要参考文献

常青 . 2016. 南京常见野生鸟类图鉴 . 南京：江苏凤凰科学技术出版社，189.

李明德 . 1998. 中国鱼类系统分类——Ⅰ盲鳗纲、头甲鱼纲、软骨鱼纲 . 海洋通报，17（4）：29-40.

李明德 . 1999. 中国鱼类系统分类——Ⅱ辐鳍鱼纲 . 海洋通报，18（1）：63-73.

李新正，王洪法 . 2016. 胶州湾大型底栖生物鉴定图谱 . 北京：科学出版社，365.

刘凌云，郑光美 . 2009. 普通动物学 . 4 版 . 北京：高等教育出版社，577.

刘文亮，何文珊 . 2007. 长江河口大型底栖无脊椎动物 . 上海：上海科学技术出版社，203.

邵广昭 . 台湾鱼类数据库（网络电子版）http：//fishdb.sinica.edu.tw（2018-10-18）.

约翰·马敬能，卡伦·菲利普斯，何芬奇 等 . 2000. 中国鸟类野外手册 . 长沙：湖南教育出版社，571.

赵忠芳，贺秉军 . 2018. 北戴河海滨动物学实习指导 . 北京：高等教育出版社，285.

周长发 . 2009. 生物进化与分类原理 . 北京：科学出版社，302.

周长发，李鹏，戴建华，屈彦福，蒋鹤春 . 2017. 基础生态学野外实习指导图册 . 北京：科学出版社，221.

周长发，屈彦福，李宏，吕琳娜，计翔 . 2017. 生态学精要 . 2 版 . 北京：科学出版社，335.

周长发，杨光 . 2011. 物种的存在与定义 . 北京：科学出版社，205.

周长发，赵强，高伟，戴建华，孙红英 . 2010. 野外常见动物图鉴——山地动物学野外实习指导图册 . 北京：高等教育出版社，269.

周开亚 . 2004. 中国动物志（哺乳纲）（第九卷·鲸目、食肉目海豹总科、海牛目）. 北京：科学出版社，326.

Miller SA, Harley JP. 2009. Zoology. 8th Edition. New York：McGraw Hill, 592.

索　引